MEDICINAL and Edible Value of Perilla

健康瑰宝

药食同源话紫苏

周晴中　张华德　王坤 / 编著

图书在版编目（CIP）数据

健康瑰宝：药食同源话紫苏/周晴中，张华德，王坤编著. —北京：北京大学出版社，2023.8

ISBN 978-7-301-34354-8

Ⅰ.①健… Ⅱ.①周…②张…③王… Ⅲ.①紫苏-食物疗法 Ⅳ.①S636.9②R247.1

中国国家版本馆CIP数据核字（2023）第163611号

书　　名　健康瑰宝：药食同源话紫苏
　　　　　JIANKANG GUIBAO：YAOSHI TONGYUAN HUA ZISU
著作责任者　周晴中　张华德　王　坤　编著
责任编辑　曹京京
标准书号　ISBN 978-7-301-34354-8
出版发行　北京大学出版社
地　　址　北京市海淀区成府路205号　100871
网　　址　http://www.pup.cn　新浪微博：@北京大学出版社
电子邮箱　编辑部 lk2@pup.cn　总编室 zpup@pup.cn
电　　话　邮购部 010-62752015　发行部 010-62750672　编辑部 010-62767347
印 刷 者　北京鑫海金澳胶印有限公司
经 销 者　新华书店
　　　　　730毫米×980毫米　16开本　12.75印张　190千字
　　　　　2023年8月第1版　2024年4月第2次印刷
定　　价　48.00元

前言

紫苏既可以做药材又可以做食材，富含多种身体必需的营养素及活性成分，是清代贡品，其根、茎、叶、籽都是宝贵的中药材。紫苏原产中国，据文献报道，大地湾遗址出土了6000年前的紫苏籽，表明我国先民在仰韶文化早期就开始接触紫苏。我国具有丰富的野生和栽培紫苏资源，紫苏在我国分布极其广泛，主要在湖南、四川、陕西、宁夏、山西、东北等地，我国出口栽培紫苏的地区多集中在东北、山东、江苏和浙江地区。在中国，紫苏入药、入膳历史十分悠久，至少可追溯到秦汉之际，许多平民百姓都知道，紫苏既可治疗感冒风寒，又可解鱼蟹之毒。人们用紫苏来烹制菜肴、做调味剂，或腌制后进入餐桌，或加入副食品中食用。紫苏性温，古人均用其叶晒干以热水冲泡来驱寒。紫苏籽经过专业加工制成的紫苏籽油更是食用油中的上等品，紫苏中的一些多酚物质如迷迭香酸可以制成香料用于化妆品中，目前紫苏籽油、紫苏叶油已被广泛应用到保健品及化妆品行业中。

（一）紫苏是我国首批列入药食同源的植物

紫苏和紫苏籽均在我国卫生部2002年公布的《关于进一步规范保健食品原料管理的通知》中被认定为既是食品又是药品。紫苏籽也被美国食品药品监督管理局（FDA）认定为公众安全食品原料之一。紫苏叶、茎、籽、根均可食用，也可药用。紫苏性温，具有解表散寒、理气和胃、镇咳平喘、抗炎解毒、抗过敏、抗氧化、抑菌、安胎、止痛、止血、降气消痰、降血脂、降血糖和提高记忆等药理作用，可用于风寒感冒、咳嗽呕恶、妊娠呕吐和鱼蟹中毒。紫苏是药食同源的功能食品，通过饮食途径可以改善人体健康、发挥其功能作用。

紫苏的营养价值很高，可以说全身都是宝。紫苏富含蛋白质、氨基酸、脂肪酸、多糖、矿物质、微量元素及维生素等多种活性物质。紫苏叶低糖、高纤维、高胡萝卜素、高微量元素，是蔬菜也可用作调味品，可以烹饪成多种菜肴。紫苏也可作饮食中的调味品，可去腥、增味、提鲜等。紫苏不同的入药部位有着不同的生理功能，紫苏入药分为紫苏叶、紫苏梗、紫苏籽三种，分别来源于其干燥叶、干燥茎和果实。

（二）紫苏全身是宝，有很高的利用价值和深入开发价值

紫苏集营养性与功能性于一体，在饲料、食品、药品、保健、工业、化妆品等行业众多领域中有着广阔的市场开发价值和应用前景。紫苏全身是宝，但目前紫苏产品在市场上多以初级产品紫苏油、紫苏粉、紫苏酱等为主，为充分利用紫苏的营养成分和功能因子，还需进一步深加工和使产品产业化。

紫苏叶中含有的花青素、萜类化合物、酚酸类化合物及抗氧化物质，具有抑制癌症发生、提高机体免疫力等功效，长期食用具有较高的保健功效。目前解表散寒类的中成药，如藿香正气口服液（水、软胶囊、滴丸）、感冒清热颗粒和杏苏感冒冲剂等均添加有紫苏叶或其提取物。

紫苏籽含有丰富的脂肪、蛋白质等营养成分。紫苏籽中含有的脂肪酸多为α-亚麻酸、亚油酸、油酸等不饱和脂肪酸，对心脑血管疾病患者大有裨益。由紫苏籽提炼的紫苏籽油是植物界中含α-亚麻酸最高的食用油，紫苏籽油不仅是一种保健食用油，还是制备高含量的α-亚麻酸和α-亚麻酸乙酯产品的原料。α-亚麻酸是ω-3多不饱和脂肪酸的母体化合物，在人体内可以根据需要合成EPA和DHA。因此，服用富含多不饱和脂肪酸的紫苏籽油，有利于人体脂代谢平衡、降血脂、抑制血栓的生成，对于防治心脑血管等慢性疾病有益处。

紫苏籽粕是紫苏籽榨油后的副产物，杂质很少，不含有毒、有害物质，不饱和脂肪酸含量高，蛋白质含量可达到28%～45%，还富含纤维素，是人类补充优质蛋白的一个重要的来源。使用酶解技术由紫苏籽蛋白制备的紫苏籽活性肽，具有抗菌、抗氧化、抗疲劳的效果，具有巨大的开发利用价值。紫苏籽粕是良好的植物蛋白原，能有效影响和改善禽畜生长、繁殖、抗病性能等，是一种新型绿色饲料添加剂。

从紫苏的叶和籽中提取的紫苏挥发油是一种挥发性活性物质，主要有酚酸类、挥发油类和黄酮类物质，性温、无毒，具有抗氧化、抗炎症、抗过敏、抗菌消炎、抑肿瘤、保护血管、降血脂、降血压、止咳平喘、促进学习记忆能力、保护肝脏、促进胃肠蠕动、改善抑郁及镇静等多种生物学功效。紫苏挥发油具有特异的香气，可用作香料，能防腐杀菌。紫苏挥发油在紫苏叶中含量最多，其次是紫苏果中，紫苏梗中最少。紫苏挥发油中含有上百种化合物，如紫苏醛、紫苏醇、薄荷酮、薄荷醇、丁香油酚、白苏烯酮等，其中黄酮类物质在抗流感活性方面产生作用；紫苏醇在防治癌症方面应用广泛；紫苏中分离的迷迭香酸类物质，被美国食品药品监督管理局誉为公共安全食品；作为紫苏挥发油中含量最高的紫苏醛，在工业及食品中还可作甜味剂紫苏糖的原料，紫苏糖的甜度可达到蔗糖的2000多倍。

（三）深入开发利用紫苏很有必要

紫苏集营养性与功能性于一体，虽然在医疗、食品、饲料等领域已有广泛应用，但因含有诸多功能成分还需进一步深入研究以便更好地利用。紫苏因特有的活性物质及营养成分，经济价值很高，目前紫苏的深入开发已越来越受到关注，已成为国内外轻工业、食品、医药领域的研究热点。我国科研人员一直对研究开发紫苏很重视，从1992年到2022年，与紫苏有关的已公布的中国申请专利发明有近900篇，发明授权的有近200篇。

从紫苏籽粕提取的紫苏籽多糖也具有重要的生理功能，如抗氧化、抗肿瘤、抗病毒、增强非特异性免疫等。利用废弃物紫苏秸秆培育平菇，可以明显提高平菇菌丝的产量、生长速度和生物学效率，生长的平菇菌盖厚度、质量、体积及营养成分均有所增加。在啤酒主发酵前添加2%的紫苏汁，发酵17天后的啤酒紫苏风味醇厚、口味纯正。从紫苏提取的多糖类化合物、花色苷类化合物也具有较好的抗氧化能力，提取的甾体化合物具有一定的抗氧化性和镇静等作用。将紫苏作为功能性食品原料进行广泛的开发，已研发出具有抗癌、防衰老的紫苏类保健品，并且成功用紫苏挥发油合成了提神醒脑的香水。在儿童食品（如饼干、点心）中加入适量的紫苏籽油，可缓解儿童哮喘和过敏性皮炎等疾病的发生。许多制药集团更是研发出很多含紫苏成分的新药和特效药。因此，深入了解紫苏、进一步开发更多的紫苏系列产品，应是我国大健康产业大力发展的重要一环，使紫苏能在贯彻《“健康中国2030”规划纲要》、推进健康中国建设、提高人民健康水平中贡献一份力量。

目前许多国家对紫苏高度关注，积极开展紫苏保健品的研发，紫苏已成为一种备受世界关注的多用途植物，全世界每年对紫苏的需求量非常大。日本为大力开发紫苏挥发油的相关保健功能，每年从我国苏州等地进口紫苏叶，从东北大量进口紫苏籽。韩国十分重视紫苏产品的研发，每年要消费紫苏籽油1000 t，开展了紫苏籽油预防心悸昏厥的作用机制的研究，紫苏叶在韩国还用于鲜食及泡菜制作。欧美国家也非常重视紫苏籽油系列产品的开发，法国已研制出紫苏系列化妆品，并致力于研制能够医治心脏疾病的药物。从2009年起，美国已将紫苏列入抗癌食品研制计划。

限于编写水平，本书错误在所难免，错误和不妥之处恳请专业人士和读者批评指正。

编著者

2022年11月

目录

第一章

紫　　苏

紫苏是唇形科紫苏属一年生直立草本植物，是一种古老的经济作物。紫苏的名称很多，古名荏，又名苏、白苏、回回苏、苏叶、桂荏、荏子、赤苏、红苏、香苏、黑苏、白紫苏、青苏、野苏、苏麻、苏草、唐紫苏、皱叶苏、鸡苏、臭苏、大紫苏、假紫苏、水升麻、野藿麻、聋耳麻、孜珠、兴帕夏噶（藏语）等。紫苏具有特异芳香，株高 50 ～ 200 cm，有紫绿色的茎和叶，多分枝；紫苏梗绿色或紫色，方柱形，直立断面四棱，密生细柔毛；紫苏叶对生，卵形或阔卵形，顶端锐尖，边缘具锯齿，叶两面全绿或全紫，或叶面绿色，叶背紫色；叶柄长 3 ～ 5 cm，密被长柔毛；紫苏花白色、粉色至紫色，花朵比较大，轮伞花序 2 花，组成顶生及腋生偏向一侧的假总状花序；紫苏花萼钟状，上唇 3 裂，宽大，下唇2裂，花冠管状，先端2唇形，上唇2裂微缺，下唇3裂，雄蕊4枚，子房4裂，花柱着生于子房基部；紫苏籽卵球形或球形，灰白色、灰褐色至深褐色，千粒重0.8～1.8 g。

（一）紫苏适应性强，可广泛栽培

紫苏是一种成活率很高的野生油料植物，对生长环境没有特殊要求，在荒坡、河滩、沟边等广大地区都可种植。紫苏对种植技术的要求不高，生长周期短，投入少，既能作为观赏植物，也能带来丰厚的经济效益。紫苏生长因受到基因与环境相互作用的影响，不同环境下生长的紫苏中化合物的含量及植株表型会呈现一定的差异。紫苏性喜温暖湿润的气候，对生长环境有较强的适应能力，只要选择当年新籽，存活率可达到95%以上。紫苏籽属深休眠类型，采种后4～5个月才能逐步完全发芽。紫苏生长在潮湿、水分充足、排水良好、肥力高、温度适宜的条件下，其化合物含量和品质都表现较好，相反，如果生长在干燥环境下，其叶和梗相对粗硬，纤维多，品质差。紫苏对土壤的适应性较广，在较阴的地方也能生长。紫苏在较低的温度下生长缓慢，夏季生长旺盛。紫苏籽在地温5℃以上时即可萌发，适宜的发芽温度为18～23℃，苗期可耐1～2℃的低温。开花期适宜温度为22～28℃，相对湿度为75%～80%。紫苏较耐湿，耐涝性较强，不耐干旱，尤其是在产品器官形成期。长江流域及华北地区可于3月末至4月初露地播种，也可育苗栽种，6月至9月可陆续采收，保护地9月至翌年2月均可播种或育苗栽种，11月至次年6月收获。江南地区育苗以3月中旬用小拱棚播种育苗的方法最佳。每公顷紫苏用种量3 kg，按种植面积的8%～10%准备苗床，苗床播种量为10～14 g/m^2。播前苗床要浇足底水，紫苏籽均匀撒播于床面，盖一层见不到紫苏籽颗粒的薄土，再均匀撒些稻草，覆盖地膜，然后加小拱棚，以保温、保湿，经7～10天即发芽出苗。要注意及时揭除地膜，及时间苗，一般间苗3次，以达到不拥挤为标准，苗距约3 cm见方。为防止秧苗疯长成高脚苗，应注意及时通风、透气。进入

4月份即可揭除小拱棚薄膜，促使植株粗壮，增强定植后对外界环境的适应性。如果要进行紫苏反季节生长，进行低温及赤霉素和新高脂膜处理紫苏籽，均能有效地打破休眠。如将刚采收的紫苏籽用100 mL/L赤霉素处理，并置于低温3℃及光照条件下5～10天，后置于15～20℃光照条件下催芽12天，发芽率可达80%以上。

（二）紫苏有5个变种

紫苏属植物的拉丁学名繁多复杂，存在混用的现象，至今仍不统一。紫苏的药用历史悠久，始载于《名医别录》，历代本草多以“苏”或“紫苏”为正名。而紫苏类药材是同基原多部位入药的典型代表，其具体药物（叶、茎、果实）的命名多在“苏”或“紫苏”后加药用部位。目前的研究是将紫苏分为5个变种，即紫苏、白苏、野生紫苏、耳齿紫苏和回回苏。紫苏主要含紫苏醛，白苏主要成分为紫苏酮，耳齿紫苏含有一定臭味的挥发油成分。我国常见的4个紫苏种群中主要是栽培种紫苏原变种及回回苏两大类群，耳齿紫苏和野生紫苏多为野生种，这四个变种均可入药。原变种植株高大，籽粒大、松软、硬度低、含油量及蛋白含量均较高；回回苏植株略小，叶片有褶皱，籽粒较小且硬度高、含油量及蛋白含量均较低。

紫苏常见有两种类型：一类叶绿色，花白色，习称白苏；一类叶和花均为紫色或紫红色，习称紫苏。紫苏叶片表型差异最为明显，有一面绿色、一面紫色的双色叶，也有两面都表现出紫红色或者绿色，入药多取叶和花均为紫色的。对紫苏、白苏是否为同一物种仍存在争议。历代本草中，紫苏和白苏均以两种不同的药物收载，分别入药。但也有现代分类学者认为，紫苏和白苏应同属一种植物，变异是因栽培引起，因此《中国植物志》中将紫苏、白苏合为一种。在经典名方中紫苏就存在名称不统一，有不同药用部位入药的情况。在《古代经典名方目录（第一批）》中，包含紫苏类药材的名方有三首。其中，半夏厚朴汤出自《金匮要略》，以“干苏叶”入药；华盖散出自《太平惠民和剂局方》，以“紫苏子（炒）”入药；桑白皮汤出自《景岳全书》，以“苏子”入药。自古以来紫苏类药材市场混乱，混淆品众多，应加以区分。虽然当前白苏、紫苏的分类争议尚未解决，《中华人民共和国药典》（以下简称《中国药典》）等中药标准参考《中国植物志》的拉丁学名，将紫苏、白苏作一种处理，但《中国药典》性状描述中明确提出叶片单面或双面紫，可见其规定的紫苏药用品种实际上并不包括白苏。宋代以前的本草中基本未提到紫苏的产地，与宋代《本草图经》“旧不着所出州土”的记载相一致，而宋代开始部分本草以“今处处有之”描述其产地，说明紫苏分布广泛。现代化学成分研究也多表明紫苏和白苏具有明显差异，为历代区分使用紫色、气香的紫苏和绿色、无香的白苏提供了科学依据。虽然植物分类上常将紫苏和白苏作一种处理，但经典名方开发过程中建议选用紫苏（原变种，紫色叶型），避免选用白苏。

（三）香紫苏、东紫苏和紫苏

香紫苏、东紫苏和紫苏不是一个品种，它们在分类学上均属于双子叶植物纲管状花目唇形科植物。共同的形态特征为茎直立、四棱形，单叶对生，具齿；花序聚伞，花两性，花冠管状二唇形，果为4枚小坚果。三种植物均含芳香油，可作为药用植物、香料植物。不同之处是香紫苏为鼠尾草属二年或多年生草本植物，东紫苏为香薷属多年生草本植物，紫苏为紫苏属一年生草本植物。

香紫苏别名莲座鼠尾草、南欧丹参，原产于法国，后引入我国栽培。香紫苏上部茎为一年生，下部茎木质化，直立，四棱形。香紫苏具有喜光、耐寒的特性，我国新疆独特的地理环境特别适宜香紫苏生长。近五年来在新疆种植的香紫苏已高达 2×10^8 m^2。香紫苏产业涉及的主要产品包括香紫苏精油、香紫苏醇、香紫苏内酯、降龙涎香醚，具有较高附加值。香紫苏穗含精油，出油率为0.1%～0.13%，采取宜在每天的13时至16时，雨天或上午10时以前不宜采取。香紫苏精油可以直接用作按摩用油，有安神作用。香紫苏精油具有特有的龙涎香香气，可广泛用于露酒等软饮料配方、烟草香精和日用化妆品香精中，也可用于酿酒、食品和药用。香紫苏浸膏的香气极浓、细腻、持久，适于用在烟草加香和高档日化香精中。香紫苏干燥后的鲜花也广泛应用于日化及食用香精中。目前香紫苏精油、香紫苏醇、香紫苏内酯和降龙涎香醚的市场还有待进一步开发。目前国内主要以出口香紫苏原料为主，利润空间有限。

东紫苏，又名凤尾茶、野山茶、小山茶、云松茶、小香茶、小松毛茶等，小坚果长圆形，长约 1.1 mm，棕黑色；花期 9 月至 11 月，果期 12 月至翌年 2 月；生长于海拔 1200 ～ 3000 m 的山坡、灌木群落、较干燥环境，主产于云南、贵州及甘肃等地区，全草可入药，是常用的民间中草药。东紫苏味苦、微辛，主治外感风寒、头痛发热、咽喉痛、虚火牙痛、消化不良、腹泻、目痛、尿闭及肝炎等病症。嫩尖可当茶饮用，全草 (凤尾茶) 具有发散解表、清热利湿解毒、理气和胃之效。植株含芳香油，新鲜植株出油率 0.25% ～ 0.3%，油无色。东紫苏植株含挥发油，具有特殊香气，可用于调香，其全草中还含有黄酮类、苷类、三萜类、酚类、甾体、鞣质、氨基酸、多肽、蛋白质、还原糖、多糖等成分，且含有多种对人体有益的微量元素，具有较高食用和药用价值。东紫苏含有丰富的黄酮类物质，具有较强的清除自由基、抑菌、降血糖及降血脂作用，且对肝脏和心脑血管疾病具有较好疗效。东紫苏作为彝药，根用于外感风寒、头痛身重、咽喉肿痛、风火虫牙、腹泻腹痛、尿闭黄疸；东紫苏作为拉祜药柏怀，全株治感冒、尿路感染、尿急、尿痛，柏怀全草治疗子宫脱出、尿路感染。

（四）目前紫苏籽和紫苏叶为主要收获目标

紫苏分为药用类紫苏和油用类紫苏，市场上紫苏多是以籽和叶应用于医药、食品及保健领域。我国在栽培种植中大多以产油量高的紫苏品种为主。油用类紫苏来自紫苏原变种，以籽粒产量高、含油量高为收获目标，可从其籽中提取含 α- 亚麻酸很高的紫苏籽油。紫苏籽除少量入药，多用于榨油及功能食品加工。药用及食叶类紫苏多来自回回苏变种，以叶丰产、挥发油含量高、香味口感适宜为收获目标。紫苏叶部分在解表类的成药中使用，更多是作为蔬菜及香料食用。因此，目前我国紫苏育种材料的选择和栽培主要是以提高紫苏籽和紫苏叶为目标。在我国北方紫苏以紫苏籽榨油为主，兼作药用，并形成西北和东北两个传统油用紫苏产区；在我国南方紫苏传统上主要以药用为主，兼作香料和食用。中国是紫苏栽种面积和年出口量最大的国家，但紫苏籽蛋白和紫苏挥发油的制备与使用还有待于进一步开发。

（五）要种植适合本地的紫苏品种

紫苏栽培和野生资源的品质受环境因素影响较大，不同的环境条件下生长的植株表型和有效成分含量均不相同。因此，每个地方都需要进行种业培育和筛选，研究出地方紫苏品种，在参照国内外的一些技术的同时，要因地制宜制定出适合本地的一些保存手段和策略，培育出耐保存的新品种。只有培育出优良种质资源，才能提高种植效益，达到紫苏种植效益最大化。在品种的选育过程中，必须保证种质资源的遗传多样性，加强对紫苏优异品种的鉴定和挖掘，采用先进的科研技术手段，通过特异遗传性状进行研究分析，提高紫苏中一些重要的活性物质的含量，进一步推广培育出茶用、食用、药用等特有高品质品种类型，利用配套的科学技术提高紫苏生产利用率。目前，我国已育成部分产油量高的新型品种。我国紫苏地方品种较多，如河北石家庄紫苏、黑龙江白苏、吉林灰苏、湖南长沙野紫苏（白苏）和观音紫苏、陕西紫苏、甘肃陇苏系列品种、上海紫苏、湖北竹溪紫苏等。紫苏籽的保存受诸多因素的影响，目前几乎都只能采用当年收的紫苏籽，保存的时间越长，其萌发率会越低。紫苏无论是用于食用油还是蔬菜、药材都需要高品质，才有利于进一步推广利用，打造出特色紫苏产品。

（六）关于紫苏的传说

九九重阳节，华佗带着徒弟到镇上一个酒铺里饮酒，只见几个少年在比赛吃螃蟹。这些少年狂嚼大吃，吃完的蟹壳很快就堆成一座小塔。华佗心想，螃蟹性寒，吃多了会生病的，这伙少年真是无知。他便上前好言相劝。但这些少年正吃得来劲，根本听不进华佗的良言相劝。一个少年还不怀好意地说："老头儿，你是不是眼馋了，来，我赏你一块尝尝如何？"华佗生气地叹了两口气，对掌柜的说："不能再卖给他们了，螃蟹一次吃多了会出人命的。"酒铺老板想的是如何从那伙少年身上多赚些钱，哪里听得华佗的话？把脸一沉，说道："他们出了事关你啥事，你最好少管闲事，别坏了我的生意！"华佗没有办法，只好坐下来和自己的徒弟喝酒。刚过了一个时辰，那伙少年突然都喊肚子疼，有的疼得额上冒汗珠，喊爹喊妈地乱叫；有的还捧着肚子在地上打滚。这一下可把酒铺老板吓坏了，怕在他的店里出事，忙问："你们怎么啦，得什么病了？"有个少年回答："老板，是不是你这螃蟹有毒？劳您去请个大夫来给我们看看吧。"这时，华佗在旁边不紧不慢地说："我就是大夫，我知道你们得的什么病。"少年们都很诧异：原来这老头是个大夫！想到刚才自己的失礼，也不好开口求救。但由于肚子疼得难受，只好央求道："大夫，刚才都是我们的不是，冒犯了先生，请您大人不记小人过，发发善心，救救我们吧！你要多少钱都好说。"华佗说："我不要你们的钱。""那你要别的也行。""我要你们答应一件事！""别说一件，一千件，一万件都行。你快说是什么事吧！""今后一定要尊重老人，听从老人的劝告，再不准胡闹！""一定，一定。你快救救我们吧！""别着急，稍等一等，我去取药来给你们治。"华佗和徒弟出了酒铺，徒弟以为是回家取药，便说："师傅不用您操劳了，告诉我取什么药，我去取吧。"华佗说："不用回家，就在这酒铺外的洼地里采些紫草叶给他们吃就行了。"华佗和徒弟很快从洼地里采回一些紫草叶，请酒铺老板熬了几碗汤，让少年们服用。不一会儿，少年们肚子不疼了。这下他们可乐了，再三向华佗表示感谢后就各自回家了，以后到处向人们宣传华佗医道如何高明。少年们走后，华佗对老板说："好险啊！刚才这里差点闹出人命。你以后千万不要只顾赚钱，不管别人性命！"酒铺老板连连点头称是。徒弟疑惑道："老师，您可从没有和我说过紫草叶能治病，您怎么知道紫草叶能治吃螃蟹中毒的病？是哪本书上这样写的？"华佗道："书上是还没有讲过，但难道你忘了？我们不是看到过水獭吃紫草叶治病的情况吗？"

这时徒弟才想起，有一年夏天，华佗带着徒弟在一条河边采药，忽听河湾里哗哗啦啦水响，掀起一层层波浪。一看，原来是一只水獭逮住了一条大鱼。水獭把大鱼叼到岸边，嚼吃了一顿，把大鱼连鳞带骨都吞进了肚里，肚皮撑得很鼓。水獭被撑得难受极了，一会儿在水边躺，一会儿往岸上窜，一会儿躺着不动，一会儿翻滚折腾。后来，只见水獭爬到岸边一块紫色的草地边，吃了些紫草叶，又爬了几圈，就蹦蹦跳跳地回到了河边，待了一会便舒坦自如地游走了。为什么水獭吃了紫草叶就逐渐舒服了呢？华佗对徒弟说："鱼属凉性，紫草属温性。今天少年们吃的螃蟹也是凉性，我用紫草叶来解毒，这是向水獭学的。"徒弟听了老师的述说，顿时开了窍，更加佩服老师的高明，也知道了增长才干和学问的诀窍，要不断观察、不断学习。此后，华佗把这种紫草的茎叶制成丸、散给人治病，在治病过程中又发现这种药还具有益脾、宣肺、利气、化痰、止咳的作用。因为这种药草是紫色的，吃到腹中很舒服，所以华佗给它取名紫舒。大概是音近的缘故，人们把舒说成了苏，后来人们就把它叫作紫苏。

（七）紫苏的主要营养成分

紫苏全株均有很高的营养价值，主要营养成分为脂肪酸、蛋白质、纤维素等。紫苏含有的活性成分为油酸、亚油酸、α-亚麻酸等多种不饱和脂肪酸，还含有萜类、黄酮类、酚类、苷类、甾体、类脂类、花青素、多糖、类胡萝卜素和20余种微量元素（11种为人体必需微量元素），此外还有谷维素、维生素E、维生素B_1、甾醇、磷脂等。

紫苏全株富含多种活性成分，但各个器官中活性成分的种类及含量存在差异。紫苏各器官中的活性成分含量会受到环境和栽培技术的影响。通过调整土壤相对含水量，进行轻度、中度和重度干旱对紫苏幼苗的影响实验，结果发现轻度干旱条件下紫苏叶油含量达到最大值，但其茎的活性成分随着干旱程度的加重而减少。使用LED灯可显著增加叶片中叶绿素、肉桂酸衍生物和迷迭香酸的含量。紫苏叶和茎中黄酮类化合物的含量在低浓度钾、镁环境下轻微增加。不同种植密度对紫苏幼苗各部位生长发育及活性成分含量也有影响，当种植密度为1450株/m^2时，黄酮、可溶性糖和可溶性蛋白含量较高；当种植密度为1887株/m^2时，紫苏芽中花青素的相对含量达较大值。

1. 不饱和脂肪酸

紫苏分为药用紫苏与油用紫苏，为制备紫苏籽油，油用紫苏是目前最广泛种植的品种。野生紫苏籽含油量约为30%，而人工栽培的紫苏籽含油量可达60%。紫苏籽油中含有大量的不饱和脂肪酸，总不饱和脂肪酸含量在90%以上，其中α-亚麻酸含量很高，紫苏籽油中α-亚麻酸含量是橄榄油的50倍、核桃油的5～6倍，还含有丰富的高级脂肪醇（约427.83 g/kg）。紫苏籽油是目前国际上公认的最健康绿色食用油，是人类补充不饱和脂肪酸的优良资源，具有降血脂、抗血栓、降血压、预防心脏病发作、护肝、延缓衰老、益智健脑、增强免疫力的作用，可降低结肠炎、类风湿性关节炎、乳腺癌和结肠癌的风险。紫苏籽油除了具有营养与保健功能外，还具有干性高、碘值高和不饱和性高的特点，是一种理想的环保工业原料。

2. 蛋白质和氨基酸

将紫苏与普通的谷类食品进行对比，发现紫苏籽、紫苏梗、紫苏叶中的蛋白质含量都高于一般谷类食品，具有良好的营养和开发价值，可成为开发植物蛋白食品的优质来源。紫苏籽去除油脂后的紫苏籽粕，蛋白质含量更高，为28%～45%，高于传统作物的蛋白质含量，是一种优良的植物蛋白资源。紫苏籽中赖氨酸、蛋氨酸的含量均高于畜禽的高蛋白植物优质饲料籽粒中相应氨基酸含量。紫苏在饮食中与其他食物一同搭配食用，可以更充分地利用紫苏所含的氨基酸资源，提高营养价值和食用价值。

3. 紫苏多糖

紫苏籽和紫苏叶中都含有多糖。多糖是紫苏的水溶性成分，多采用水提法来生产紫苏多糖。紫苏多糖在多个方面具有重要生理功能，如抗氧化、抗肿瘤、抗病毒、增强非特异性免疫等。紫苏多糖可对肝癌、肺癌及乳腺癌细胞等肿瘤细胞起到抑制作用，其抗肿瘤作用被越来越多的研究者关注。紫苏叶多糖还具有降血糖、改善肝损伤的作用。

4. 紫苏挥发油

紫苏挥发油是紫苏叶主要成分和特异香气的来源，单萜类、倍半萜类、二萜类、芳香类和脂肪族类化合物是紫苏叶和茎中挥发油的主要活性成分，其含量和种类受提取剂、品种和产地气候等因素的影响较大。紫苏挥发油主要成分是单萜类化合物紫苏醛、紫苏烯、紫苏酮等，含量最大的是紫苏醛，而倍半萜类化合物含量相对较少。在种型上，紫苏挥发油主要含有紫苏醛和柠檬烯，白苏挥发油则是主要含有紫苏酮。从生长在寒冷地带的紫苏中提取的挥发油主要含有紫苏酮，从生长在温带环境下的紫苏中提取的挥发油主要含有紫苏醛和柠檬烯。

5. 微量元素

高营养价值的微量元素钙、铁、锌和硒元素等在紫苏中含量均较高，可作为人体补充微量元素的来源。紫苏叶中矿质元素含量丰富，在紫苏叶中含有 10 种矿质元素；紫苏籽中含量较高的是磷、钙、钾、镁等元素，其中钙的含量高达 2354 mg/kg；紫苏梗中不仅有较高含量的钙、钾元素，还含有 0.151 ～ 0.262 mg/kg 的硒。

（八）紫苏的药用价值

紫苏作为药食两用的植物，毒副作用很少。紫苏作为传统中药，在我国具有两千多年的悠久药用历史。《本草纲目》中记载：“紫苏，近世要药也。其味辛，入气分；其色紫，入血分。”现代药理研究表明，紫苏具有解热镇静、抗炎、抗过敏、止血、降血糖、降血脂、抑菌、止呕、抗微生物、抗氧化、促进记忆等多方面的生物活性。紫苏可用于治疗胸膈痞闷、胃脘疼痛、嗳气呕吐、胎动不安等症。紫苏还具有抑制溃疡坏死因子过剩、抑制花粉症、抗牙周炎的功能。紫苏提取物可影响血液流变学指标，降低全血黏度；具有防止脂质过氧化作用，可降低实验动物丙二醛（生物体内，自由基作用于脂质发生过氧化反应，氧化终产物为丙二醛，会引起蛋白质、核酸等生命大分子的交联聚合，且具有细胞毒性）的含量，升高超氧化物歧化酶（SOD，是一种源于生命体的活性物质，能消除生物体在新陈代谢过程中产生的有害物质）、谷胱甘肽（体内重要的抗氧化剂和自由基清除剂，如与自由基、重金属等结合，从而把机体内有害的毒物转化为无害的物质，排泄出体外）的水平，有增强学习及记忆力的功效；还具有广泛的抗菌活性，是天然无毒的防腐剂。紫苏籽油、紫苏叶和紫苏籽皮的提取物对大肠杆菌、枯草芽孢杆菌和金黄色葡萄球菌等细菌具有抑制作用。紫苏的不同器官及不同溶剂的提取物对细菌和真菌的抑制效果不同。紫苏叶和紫苏籽皮水提物对枯草芽孢杆菌的抑制作用最强。紫苏水提浸膏和挥发油有显著的解热和止呕作用。紫苏叶及紫苏籽提取物还有增强免疫力及止血作用。紫苏含有的黄酮类化合物、类胡萝卜素及迷迭香酸等活性成分具有抗氧化和抗菌消炎作用，可用于预防和治疗心脑血管疾病、抗癌及增强免疫力。紫苏提取物是一种植物源生物农药，其具有抗菌活性高、抑菌谱广、不易产生抗性、对人和动物无毒的特点，可作为植物抗菌物应用。

1. 紫苏叶、梗、籽的主治功效存在差异

紫苏叶、梗、籽均可入药，但三者的传统主治功效存在差异。紫苏的入药部位在南北朝时期就已包括叶、梗、籽，明代医师开始重视其叶、梗、籽的区分用药，不同的入药部位有着不同的生理功能。紫苏入药部位主要以叶及籽为主。紫苏籽、紫苏叶及紫苏梗是历版《中国药典》均收载的中药材品种。历代采收加工炮制方法与今接近，紫苏籽多“炒研入药”，紫苏梗、紫苏叶主要是简单的净制，在实际生产中可参考2020年版《中国药典》。

2. 紫苏籽含有丰富的α-亚麻酸

紫苏籽性味辛温，具有下气润肺镇咳、祛痰平喘、润肠的功效。紫苏籽富含 α-亚麻酸，具有抗血栓、降血脂、降血压、防癌、清除体内活性氧自由基的作用。紫苏籽的种皮防腐效果明显优于一些化学防腐剂制品如羟苯乙酯、苯甲酸，是一种天然无毒的防腐剂，还具有保健作用。

3. 紫苏叶含多种生物活性物质

紫苏叶具有缓解外在综合征、祛风寒和益气养胃的功效。紫苏叶中含多种黄酮类和多酚类化合物，这些化合物中的酚羟基是可以清除自由基和活性氧的活性基团，有抗氧化性。生物体内含有活性氧自由基，这些自由基会在体内发生脂质过氧化，是导致人类生病、衰老的重要原因。紫苏叶提取物具有防止脂质过氧化和清除自由基的作用，可抗衰老。紫苏叶中黄酮类化合物可降低总胆固醇、甘油三酯的水平，升高高密度脂蛋白胆固醇含量，具有降血脂的功能。紫苏叶及其提取物紫苏醇可抑制病毒诱导癌变的活性，还可抑制乳腺癌细胞和大鼠肝肿瘤细胞生长，有抑制肿瘤作用。紫苏叶及紫苏籽具有抗过敏作用，临床上可用于治疗对鱼蟹类过敏所引起的哮喘、鼻炎等症。

4. 紫苏挥发油生物学功能广泛

紫苏挥发油是指从紫苏中蒸馏或萃取出的油状物质，具有抗氧化、抗炎症、抗过敏、抗菌消炎、抑肿瘤、保护血管、降血脂、降血压、止咳平喘、促进学习记忆能力、保护肝脏、促进胃肠蠕动、改善抑郁及镇静、减轻脑缺血损伤等多种生物学功效。紫苏挥发油中的降血脂、抗过敏等活性成分已在新药开发方面得到应用。紫苏挥发油具有延缓衰老的作用，被誉为“液体黄金”，目前已经制备成胶囊用于保健品生产，并作为特效药物和临床治疗药物的原料。紫苏挥发油可以作为食品的增香剂、防腐剂、抗菌剂、增色剂。紫苏挥发油还具有透皮吸收促进作用，可应用于外用药、化妆品。紫苏挥发油已在食品、药品、化妆品、香料和香水制造业等领域被广泛应用。

5. 紫苏治病的小配方

紫苏属药食同源类植物，日常食用可预防疾病，主要用于风寒感冒、咳嗽气喘、水肿、蟹中毒等常见症状的预防、缓解和治疗。网上就有许多紫苏治病的小配方，如：

（1）治疗感冒。取紫苏叶 10 g，葱白 5 根，生姜 3 片，水煎服。

（2）治疗外感风寒头痛。取紫苏叶 10 g，桂皮 6 g，葱白 5 根，水煎服。

（3）治疗急性肠胃炎。取紫苏叶 10 g，藿香 10 g，陈皮 6 g，生姜 3 片，水煎服。

（4）治疗水肿、蟹中毒。取紫苏梗 20 g，蒜头连皮 1 个，老姜皮 15 g，冬瓜皮 15 g，水煎服。紫苏叶 30 g，生姜 3 片，水煎服。

（5）治疗胸膈痞闷、呃逆。取紫苏梗 15 g，陈皮 6 g，生姜 3 片，水煎服。

（6）治疗孕妇胎动不安。取麻根 30 g，紫苏梗 10 g，水煎服。

（7）治疗妊娠呕吐。取紫苏叶 15 g，黄连 3 g，水煎服。

（8）抗抑郁、辅助治疗脓毒症。祛瘀解毒益气方由大黄、紫苏为主药组成，方中还有赤芍、人参、牡丹皮、丹参、红藤、连翘、金银花等，可提高脓毒症患者存活率。

（九）紫苏开发的天然绿色食疗食品和生活用品

随着近年来人们崇尚天然绿色产品，紫苏食疗保健的巨大开发潜力已越来越为人们所重视。以紫苏为原料已相继开发出保健食用油、面包、饼干、点心等保健食品，还有紫苏酒、紫苏茶、紫苏饮料、紫苏酱油、紫苏醋、紫苏酱菜、紫苏增白霜等。在盛夏时节经常食用紫苏可以祛暑，而且紫苏清新的香气还可以起到安定心情的作用。紫苏具有广泛的抑菌谱，其提取物在食品防腐剂及植物源农药等领域已被广泛研究并开始应用。

1. 以紫苏叶为原料的紫苏产品

紫苏叶含有蛋白质、黄酮类、苷类、酚酸类、色素类和挥发油等化学成分，营养价值高又兼有药用功效，当鲜菜食用深受人们喜爱。紫苏叶、梗常被用来腌肉、做凉菜，色彩诱人、香气浓郁。将紫苏嫩叶洗净，腌渍成咸菜，或做配料使用可调味；紫苏叶还可做成饮料，也可直接做茶饮用；紫苏叶还可以加工成紫苏粥、紫苏酱、紫苏豆瓣酱、紫苏汁、蜜饯、果脯、糖果、叶粉、糕点等多种形式的食品，以及拼盘、腌制产品等。由于紫苏叶所含挥发油与糖或盐有协同抑菌作用，在紫苏系列食品中可降低糖或盐的用量，使食品低糖低盐化，有益于人体健康。紫苏可用作色素、防腐剂、甜味剂和香料等食品添加剂的基料。中国和韩国主要将紫苏用于药材和蔬菜，日本用于腌制品，在日本一年四季都有紫苏卖，放在刺身中是最常见的用法。绿紫苏叶和花穗可用于面条、调味汁、砂锅料理和生鱼片的调香；红紫苏叶中的紫红色素 - 花青苷等成分，可用于梅干的染色等方面。紫苏叶提取物具有清除自由基、防止脂质过氧化、阻断亚硝酸盐类物质的作用，对于防衰老、营养保健具有特殊意义，因此紫苏叶在功能性食品的开发中具有十分重要的地位。

（1）紫苏饮料。以紫苏叶为原料，通过添加少许白砂糖、柠檬酸、蜂蜜等研制成紫苏饮料。成品紫苏饮料呈淡绿色，外观澄清透亮，风味独特，甜度适中，状态稳定。从感官品质角度分析，影响紫苏饮料感官品质的因素依次为：白砂糖＞紫苏叶汁＞柠檬酸＞蜂蜜；紫苏饮料的最佳配方为：紫苏叶汁添加量 30%，白砂糖添加量 6%，柠檬酸添加量 0.12%，蜂蜜添加量 4%。紫苏饮料具有增强抵抗力、抑菌、促进消化等作用，对健康有一定帮助。紫苏叶也可与芦荟、仙人掌等其他原料制成风味独特、具有营养保健功能的复合饮料。紫苏饮品中的紫苏清露在舒解压力、美容养颜方面有独特的效果。紫苏饮料常常是先提取紫苏叶汁，再制备成紫苏饮料。紫苏叶汁的提取可选取叶面新鲜、颜色深绿色或紫色的紫苏叶，用流水清洗干净，加少量水用破碎机打浆，并于 30℃联合酶解（0.2% 果胶酶，0.1% 纤维素酶，0.1% 中性蛋白酶）30 min；将酶解后的紫苏液过滤，得到澄清液体；将澄清滤液于121℃高压灭菌 30 min，得紫苏叶汁；然后将白砂糖、蜂蜜、柠檬酸和紫苏叶汁混合，搅拌后调酸、均质、杀菌，再冷却后即可灌装制成紫苏饮料成品。

（2）紫苏乳酸饮料。利用乳酸菌将紫苏叶中的糖发酵成乳酸，制成乳酸饮料。其制作工艺如下：将紫苏叶精选后洗净，提取紫苏叶汁，浓缩后调配、灭菌，用活化的菌种接种发酵，即制成紫苏乳酸饮料。

（3）紫苏醋饮料。紫苏叶与水混合打浆，加入果胶酶保温，再加入维生素 C 及甲壳素，高速剪切处理得到紫苏叶汁；再与食醋、蜂蜜、水混合，经过均质脱气、灭菌等工艺制成紫苏醋饮料。紫苏醋饮料具有良好的风味、丰富的营养价值和保健功能。紫苏醋饮料放到冰箱可以慢慢地喝三四个月，看上去鲜红艳丽的饮料，大热暑天可消暑止渴；用嫩姜和紫苏醋制备的紫苏醋嫩姜是寿司店的粉色嫩姜配菜。CN200910175383.5公布了一种紫苏醋饮料，含紫苏叶汁 10% ～ 15%、食醋 1% ～ 2%、蜂蜜 2% ～ 8%、柠檬酸 0.06% ～ 0.1%、香精 0.01% ～ 0.02%、山梨酸钾0.01% ～ 0.04%、氯化钠 0.1% ～ 0.8%、乙基麦芽酚 0.01% ～ 0.02%，水余量。其制备方法是取紫苏叶与水混合打浆并加入果胶酶保温反应 2 ～3 h，再加入维生素 C 及甲壳素，高速剪切处理得到紫苏叶汁；将食醋、蜂蜜、柠檬酸、香精、山梨酸钾、氯化钠、乙基麦芽酚加入水中，加热溶解，升温至 70 ～ 75℃加入紫苏叶汁，补足水后加热到 90 ～ 95℃，以硅藻土过滤处理、均质脱气、灭菌、冷却，制成紫苏醋饮料。该发明的紫苏醋饮料低糖、低酸且紫苏香浓郁，具有良好的风味、丰富的营养价值及保健功能。

（4）紫苏叶乳饮料。一般采用鲜嫩的紫苏叶为原料，产品以液态为主。紫苏叶乳饮料中含牛奶 30%、紫苏叶汁 30%、蔗糖 5%、蜂蜜 2%，经均质、杀菌后，加入复合稳定剂、复合乳化剂就可制成。

（5）紫苏茶。用紫苏叶泡制的紫苏茶是一种有药用价值的茶，味道是淡淡的紫苏味，味醇清香，可除暑解毒、提神镇痛、爽口润喉，可防治中暑、感冒，具有清热解毒的功效，适用于感冒风寒初期、鼻塞流涕、畏寒、全身肢节酸痛等。紫苏茶可达到镇静安抚、抗抑郁的效果，对产后抑郁具有一定的治疗作用，安全性好。若以紫苏叶为主，辅加蜂蜜、蔗糖等可制成紫苏复合茶，其是一种清凉止渴的天然保健饮品。紫苏茶的制法一般是将紫苏叶晒干研末，开水冲泡，加糖溶化后饮用。紫苏茶也有多种配方，配制方法有的已申请专利。

（6）紫苏叶绿茶复合饮料。紫苏叶绿茶复合饮料是以紫苏提取液、绿茶提取液、白砂糖、柠檬酸和蜂蜜为原料制备的。紫苏提取液以花色苷提取量为指标，以水为提取溶剂提取紫苏叶花色苷，提取条件为：超声波频率为低频（25.5 kHz），粉碎度 250 μm，料液比 1∶20，温度 60℃，时间 30 min，提取 2 次。在此条件下，紫苏叶花色苷的提取量达 11.2%，用紫外分光光度计测得花色苷含量≥10.8%；产品 pH 为 4.5 ～ 5.0。配制紫苏叶绿茶复合饮料的最佳配方为：紫苏提取液∶绿茶提取液 =1∶2，白砂糖 2%，蜂蜜 0.05%，柠檬酸 0.05%。按此配方生产的紫苏叶绿茶复合饮料澄清透明，黄绿色的主色调中略显红褐色，香味宜人，酸甜适度、协调柔和、口感清爽，具有紫苏和绿茶特有的风味。

（7）紫苏柠檬茶。紫苏柠檬茶的配制旨在充分利用紫苏叶特有的风味及营养价值的基础上，配以柠檬汁，加工成营养价值高、受消费者青睐的理想茶饮品。紫苏柠檬茶产品呈现出透亮的粉红色，色泽鲜明；组织状态澄清均匀、无分层现象，肉眼观察不到细小的颗粒；紫苏和柠檬味柔和一体、酸甜可口，香气清爽、富有紫苏和柠檬特有气味。紫苏柠檬茶最佳配方为：紫苏提取液 60%，柠檬汁 8%，白砂糖 7%，苹果酸 0.08%。

（8）紫苏营养咀嚼片。以适于长期储存的盐渍紫苏叶为原料，以维生素 C 为酸味剂，以低能量甜味剂为辅料制备了紫苏营养咀嚼片。

（9）紫苏酒。用紫苏、荆芥、陈皮泡制的紫苏酒可用于治疗感冒风寒、微发热、胸脘痞闷、呕恶、鼻流清涕、咳嗽痰清稀等。制备紫苏酒的一种方法是将紫苏叶直接加酒浸渍制成紫苏酒；另一种方法是将紫苏叶加入果品中一起发酵。紫苏叶可以用于发酵饮料及蒸馏酒的制作，且工艺简单。其制作工艺如下：果品加紫苏叶一起清洗后绞碎榨汁，用酒母接种发酵，调整酒精度后密封保存、装瓶。以紫苏叶为主要原料制作紫苏叶发酵饮料及蒸馏酒的最佳制作条件为：料液比 1∶16，发酵温度 20℃，初始含糖量 20%，酵母添加量 0.15%。所得紫苏叶发酵饮料感官品质、发酵效果最佳，口感纯正、适宜饮用；所得蒸馏酒具有紫苏叶特有的香气。

以红紫苏叶、青梅、砂糖制成的紫苏梅酒，有可口酸味、梅香和紫苏香，风味独特，具安神、发汗、利尿、健胃、促进消化的功效；以紫苏干叶研制紫苏哈密瓜酒，成品紫苏哈密瓜酒呈深红色、外观澄清透亮、风味独特、品质稳定。紫苏、枸杞、米酒配制的酒香气浓郁，入口醇甜、爽口。

（10）紫苏酱油。紫苏叶、蒜瓣和酱油制备的紫苏酱油有一种独特的香味和鲜味，优于一般使用的酱油。CN200910025728.9 公布了一种紫苏酱油及其制备工艺，在公知的酱油生产工艺中，在原料处理时将紫苏籽粕与豆粕、小麦等原料粉碎混合，加水浸润蒸煮，冷却后接种米曲霉制得成曲，成曲加盐制醅（醪）时添加紫苏叶酶解渣，淋油时添加紫苏叶汁浸泡滤油，之后分装、杀菌。原料组成为紫苏籽粕、紫苏叶、豆粕、小麦和麦麸，质量比分别为（0.5～4）:（0.5～1.5）:（3.5～6.0）:（0.3～1.0）:（1.0～2.0）。由此制得的酱油富含紫苏的营养与保健成分及特有的香气，既具有传统酱油的特点，又提高了酱油的保健价值。

（11）紫苏酱菜。用紫苏叶等原料制备的紫苏酱菜具有预防感冒的功效，一些已申请了专利。

（12）紫苏酱。制备工艺为：紫苏叶精选⟶洗净⟶吹干⟶绞磨⟶调味⟶增稠⟶罐装⟶灭菌⟶检验⟶成品酱。

（13）紫苏豆瓣酱。将腌制好的紫苏叶与发酵好的豆瓣调配在一起，同时加入其他调味品，所制成的豆瓣酱带有紫苏的香味。

（14）紫苏糖姜片。生姜有散寒、开胃、止咳等功效。紫苏糖姜片对胃痛有很好的缓解作用。其制作工艺如下：生姜漂烫、去皮、切片后，与精选的洗净紫苏叶一起在真空下进行糖渍，煮糖后烘干，检验合格后得成品。

（15）紫苏食品添加剂。紫苏提取物抑菌谱较广，能较好地抑制食品中常见的细菌、霉菌和酵母菌，作为天然防腐剂可用于食品的保鲜。从紫苏叶中提取的紫苏挥发油也可以有效地抑制细菌的生长。紫苏作为防腐剂具有用量微、安全性高的特点，我国民间早有将紫苏叶放入泡菜坛中抑制白膜生长的做法。将紫苏醛应用在肉制品防腐中，发现可有效降低微生物的生长，效果良好，紫苏醛可以代替化学合成的防腐剂应用于食品行业。

（16）紫苏叶食品。紫苏叶能作食物，也可以当作中药材。紫苏叶的关键作用是能够祛风排热，缓解风寒感冒造成的头昏、发烧等病症。紫苏叶平常能烧菜吃，还能够制成特色美食如紫苏叶咸菜、韩国紫苏叶泡菜、朝鲜族新鲜紫苏叶咸菜。

（17）紫苏菜肴。加入紫苏制作的好吃的菜肴种类有很多，如紫苏鱼、紫苏排骨、紫苏鸭、拌紫苏、紫苏南瓜沙拉、紫苏梅子蛋糕、鲜虾青紫苏春卷等。

（18）紫苏调味液。CN200810060626.6 公布了一种以紫苏为原料制得的紫苏调味液及其制备方法。所述紫苏调味液主要由紫苏的浸提液或浸提浓缩液和蒸馏液组成，浸提液或浸提浓缩液和蒸馏液的体积比为（10 ~ 20）：（80 ~ 90）。制备方法如下：取紫苏叶碎片，加入 5 ~ 8 倍质量的洁净水，以及质量为洁净水质量 0.01% ~ 0.1% 的异抗坏血酸钠，用柠檬酸调 pH 为 2.8 ~ 4.5，95 ~ 100℃温度下浸提 1 ~ 3 次，每次 30 ~ 120 min，浸提的同时冷凝收集挥发成分，得蒸馏液；合并多次的浸出液，加入壳聚糖醋酸溶液，搅拌，澄清，微滤膜过滤，得澄清液，即为浸提液；将浸提液浓缩至原体积的 10% ~ 90%，得浸提浓缩液。由此制备的紫苏调味液色泽清澈透明，无杂质、不分层，味道天然纯正、香浓味美，而且具有一定的保健作用。

2. 以紫苏籽为原料的紫苏产品

紫苏籽口感酥脆、具香味。在保健食品方面，紫苏籽常用于制作一些传统甜点、紫苏面包、紫苏果酱、紫苏酱油、糯食和面点的馅料以及各种调味料，也可用于煮粥和煲汤。以紫苏籽为原料，经过炒制、去皮、磨碎成紫苏仁粉；也有不经过脱皮工艺就制作成带皮的备料，制作预拌粉、糕点食品等。将紫苏籽脱除油脂、超微粉碎、挤压改性，制得高品质的紫苏籽粕粉，当紫苏籽粕粉添加量为5%时，对粉质特性无明显影响。利用细面包粉加入紫苏籽粕粉可制作出紫苏面包，提高了面包的营养保健功能，同时还具有紫苏籽特有的清香气味。将紫苏籽粕直接添加到桃酥原料中可生产出紫苏籽粕桃酥。以低筋面粉为主要原料，添加辣蓼草、紫苏籽粕、甘草、白砂糖、面包改良剂、黄油等辅料可生产出具有紫苏风味的面包。使用紫苏籽粕还开发出了紫苏酱、紫苏饼干、紫苏粉、发酵乳等产品。

（1）紫苏健脑饮料。为充分利用紫苏籽中α-亚麻酸的保健作用，工业化的生产紫苏健脑饮料的方法是：将紫苏籽清理后倒入炒药机，温度200～250℃，时间5～10 min；晾至常温后碾除种皮，种仁加水浸泡1～2 h，用胶体磨研磨，再加入其他配料，灌装即成。

（2）紫苏酱。CN201410689839.0报道了一种发酵风味紫苏酱的制备方法，步骤包括原料准备、菌种驯化、成曲制备、发酵、分装及杀菌，选取原料为紫苏籽粕、大豆粕、面粉和红枣粉，按比例混合制成曲料；将米曲霉沪酿3.042孢子悬液在紫外灯下照射，梯度稀释后转入豆粉种子培养基平板涂布培养；将灭菌处理后的曲料接种米曲霉曲种，培养后制得成曲；成曲磨碎放入容器中加食盐水发酵，获得发酵风味紫苏酱。此发明既利用了紫苏籽粕中的大量蛋白质、多糖，同时紫苏籽粕特殊的营养成分、保健成分和风味物质也保留在酱中，兼有传统豆酱的营养成分与风味，集调味、增香和保健为一体，并且生产条件易于控制，可利用原有豆酱的生产设备实现工业化生产。

（3）紫苏酱调味料。首先萃取出不同种类的花汁和果酱与紫苏籽粕混合，放于超声环境下作用。超声波具有萃取植物香味、使各成分混合更加均匀的作用。此工艺可充分发挥紫苏籽粕芳香的特点，生产出的紫苏酱调味料不仅风味别致，还具备一定的保健功效。

（4）发酵产品。将以紫苏籽粕为原料制备的发酵紫苏粉添加到面包粉中可生产紫苏面包，其储藏期的保水性、老化度以及脂肪氧化程度指标均优于未加紫苏粉的空白组。将紫苏籽粕发酵还可用于生产具有紫苏特有香味的风味发酵乳。

（5）紫苏籽油保健食品。紫苏籽油是对高血压患者推荐的食用油，添加到儿童食品中可预防哮喘等疾病的发生，与红景天根块粉复配制成胶囊，具有降血压、降血脂、耐缺氧、抗疲劳、调节人体免疫、延缓人体衰老的功效，并且药性温、效果好、副作用低。

3. 利用紫苏秸秆生产高含量赖氨酸平菇

CN201310579835.2 公开了一种利用紫苏秸秆生产高含量赖氨酸平菇的方法，即将紫苏秸秆用石灰水混合发酵后，与棉籽壳混合制成食用菌培养料，装袋后高温灭菌，接入平菇菌种，按常规方法进行栽培管理。与传统的棉籽壳培养料比较，该发明栽培出的平菇的赖氨酸含量明显提高，且具有生长周期短、菇质好、产量高、营养丰富等优点，能够满足市场对氨基酸专用补充型优质平菇的需求，为紫苏的综合利用提供了有效途径。

4. 紫苏洗手液

CN201310561303.6 公开的一种紫苏洗手液，由下述组分按质量百分比组成：紫苏叶提取物 0.1% ～0.5%、C8-10- 脂肪醇聚氧乙烯醚磷酸单酯 6% ～10%、十二烷基硫酸三乙醇胺 4% ～8%、甘油单硬脂酸酯 0.5% ～1.5%、甘油 1% ～3%、余量为水。该发明的紫苏洗手液能够清洁手部肌肤，并有效抑菌，安全健康。

（十）紫苏在饲料中的应用

紫苏具有多种营养价值及保健功能，是一种非常好的天然中草药添加剂，更是一种优质饲料原料，对动物有促进生长的作用，对畜产品有改善作用，且毒性低、残留少，在畜牧业生产中有广阔的应用前景。

1. 紫苏在猪和鸡饲料中的应用

饲料中添加含有紫苏的饲料添加剂，可促进仔猪采食，提高日增质量，降低料重比和腹泻率。饲喂含有紫苏籽的饲料，育肥猪日增质量明显提高，料重比下降，血液免疫水平也显著提高，可提高猪的生产性能，促进生长发育。饲喂肉鸡含有紫苏籽提取物的饲料时，料重比都有不同程度的降低，紫苏籽提取物能显著提高肉鸡的生产性能，且能增强肉鸡的免疫力。当饲喂肉鸡含有 1.0 g/kg 紫苏籽提取物的饲料时，效果较好，且紫苏籽提取物具有替代抗生素的潜力。

2. 紫苏在反刍动物饲料中的应用

用含有紫苏籽油的饲料饲喂育肥牛，牛肉中的总氨基酸含量、总必需氨基酸含量、总鲜味氨基酸含量及多不饱和脂肪酸含量均有明显提高，血液中总蛋白、球蛋白、白蛋白、免疫球蛋白 G 含量，以及红细胞数和白细胞数都有提高。在饲料中添加紫苏籽提取物对育肥牛生产性能和免疫功能均有改善，平均采食量、平均日增质量和表观消化率均明显提高，料重比下降，血浆中免疫球蛋白 A 含量提高 4.5%，血浆中磷质量浓度和 α - 淀粉酶活性分别提高 16.2% 和 20.9%，肌肉剪切力值降低 13.0%，大大改善了牛肉的肌肉嫩度和肉的品质。

3. 紫苏在水产饲料中的应用

紫苏籽提取物对异育银鲫存活、生长及鱼体生化组成均有提高，在基础饲料中添加 0.03% 的紫苏籽提取物时，可有效促进异育银鲫生长，异育银鲫的生长率、增重率（99.5%）、饲料转化率（42.74%）和蛋白质转化率（118.72%）均达到最高水平，且脏体比最小。

（十一）紫苏培育的生物技术

紫苏生物技术方面的研究报道还较少，主要有离体组织培养、转基因体系建立、基因的遗传转化，以及花青素合成相关酶基因和脂肪酸合成途径相关基因的分离、克隆及表达分析。

1. 离体培养

为建立紫苏再生体系和进行紫苏的快速繁殖，国内开展了有关紫苏组织培养方面的研究。对紫苏幼嫩茎尖、带叶腋芽和嫩叶等外植体进行离体培养，建立了诱导、分化、增殖和生根等一整套离体快速繁殖体系。以紫苏叶和胚轴为外植体建立了紫苏的快速再生体系。在研究紫苏离体开花的影响因素的基础上，建立了紫苏离体开花体系，研究开花的生理机制。通过研究不同灭菌方法对紫苏不同外植体污染和生长的影响，利用紫苏叶和胚轴为外植体，成功诱导出不定芽和再生植株，并开花结果。另外，以含顶芽的紫苏胚轴茎段为外植体进行离体培养，发现几种外植体的再生频率从高到低依次为：顶芽，胚轴顶段，胚轴中段和胚轴。

2. 遗传转化

在建立了紫苏胚轴的离体再生体系的基础上，利用农杆菌 EHA105 菌株对胚轴进行了遗传转化效率的研究，结果表明胚轴的转化效率最高。在紫苏转基因体系建立的基础上，学者们研究了种子特异性启动子下的 γ-生育酚甲基转移酶基因在紫苏中的表达情况，γ-生育酚可快速向 α-生育酚转换，迅速提高种子中 α-生育酚的含量，高 α-生育酚性状能在植株后代中遗传，生育酚合成途径与脂肪酸合成之间没有相互作用。

3. 基因克隆及表达分析

目前主要克隆、分离了花青素合成相关酶基因、3-酮脂酰-酸性磷酸酶转运蛋白合成酶基因、Myb-P1 基因以及亚油酸脱氢酶基因等，并对部分基因的表达情况进行了研究。通过酵母双杂交表达系统分析研究证明 Myb-P1 基因参与调控花青素合成，并决定红色紫苏的花青素合成。

另外，有人通过构建红色紫苏叶片的 cDNA 文库，成功分离了花青素合成相关酶的 cDNA 克隆，如查耳酮合酶、黄烷酮 -3- 羟化酶、黄烷酮醇 -4- 还原酶、类黄酮 -3-*O*- 葡萄糖基转移酶，功能分析说明这类基因属小数量、多基因家族，在色素的形成中起相应调控作用，除查耳酮合酶之外，其他三个基因为红色紫苏特异表达。

第二章

紫　苏　籽

在紫苏叶、紫苏梗和紫苏籽众多产品中，目前最为人们重视的紫苏产品是紫苏籽。这是因为紫苏籽是迄今为止发现的植物油中 α-亚麻酸含量最高的物种。紫苏籽的产量高，一般可亩产 100 ～ 400 kg（1 亩约为 667 m^2）。在紫苏原变种及回回苏两大类群中，紫苏原变种在籽大小、含油量及蛋白含量方面较回回苏均占优势，因此在进行紫苏育种改良中，原变种改良更易获得高油、高蛋白的目标性状。在筛选紫苏优良品种时，首先要对紫苏资源中的脂肪酸成分含量进行评估，选择含油量高且 α-亚麻酸含量高的品种进行种植。

紫苏籽作为食品调料，具有除腥增鲜的作用，同时还可作为中药材辅助治疗疾病；在医疗保健方面，《中国药典》记载：“紫苏籽归肺经、降气化痰、止咳平喘和润肠通便，用于痰壅气逆、咳嗽气喘和肠燥便秘。”以紫苏籽为原料可以制成具有保健功能的紫苏籽油、紫苏蛋白粉，以及从紫苏蛋白粉中提取研发出的高 F 值低聚肽保健品（高 F 值低聚肽是指一类由 3 ～ 7 个氨基酸残基组成、支链氨基酸含量高于芳香族氨基酸含量的低聚肽）。随着我国紫苏种植面积的扩大，更应注重紫苏籽保健功能、活性成分的作用机制及稳定性的研究，充分利用紫苏籽营养丰富、功能因子齐全的优点，研制更多的健康功能产品如抗衰老保健品、医治心脑血管疾病的药品等。

（一）紫苏籽采摘

紫苏籽外观近球形，直径 1 ～ 3 mm，表面灰棕色或灰褐色，有隆起的暗紫色网纹和圆形小凸点，用手搓之有特殊的草本香气，以粒大饱满、色黑者为佳。紫苏籽果皮薄，硬而脆，易压碎。种子黄白色，种皮膜质。种植紫苏若以收获紫苏籽为目的，应适当进行摘心处理，即摘除部分茎尖和叶片，以减少养分消耗并能增加通透性。由于紫苏籽极易自然脱落和被鸟类采食，如不及时采收，会造成不必要的损失，所以紫苏籽 40% ～ 50% 成熟时就应割下，在准备好的场地上晾晒数日，脱粒，晒干。

（二）紫苏籽的主要营养成分

紫苏籽中含有油脂、蛋白质、纤维素、维生素 E、维生素 B_1、谷维素、甾醇、磷脂、黄酮类、酚酸类、固醇等多种活性成分，是一种优良功能食品原料。紫苏脂肪及蛋白质是紫苏籽中的主要营养成分，含量多少也是紫苏品种选育的重要品质指标。紫苏籽含有的化学成分根据品种和产地的不同也有差异。紫苏籽含有的化学成分可分为挥发性成分、半挥发性成分以及非挥发性成分。挥发性成分包括水芹烯、紫苏酮、桉油精、丁香酚、2- 甲氧基苯酚、蒎烯等；半挥发性成分包括 α - 亚麻酸、亚油酸、棕榈酸、金合欢醇等；非挥发性成分包括黄酮类、酚酸类、蛋白质、氨基酸、萜类、甾醇类、有机酸、多糖、β-胡萝卜素等。到目前为止，对紫苏籽的营养保健作用研究主要集中在提取油脂、蛋白质、多糖、黄酮类及酚酸类等功效成分方面，紫苏籽含油量一般为35%～60%，紫苏籽油中α-亚麻酸含量一般为60%～70%，蛋白质含量为17%～34%，可溶性糖含量为1.8%～3.6%。

1. 紫苏籽中的脂肪酸

目前紫苏籽的利用主要还是为获取紫苏籽油。紫苏籽油中不饱和脂肪酸含量高，主要成分为α-亚麻酸、亚油酸、油酸和花生四烯酸等。

2. 紫苏籽中的蛋白质

由于不同紫苏籽品种之间含油量、蛋白质含量存在差异，在筛选紫苏优良品种时，还应对蛋白质含量进行评价，选育高油、高蛋白的优质紫苏品系进行培育，优选适合应用的紫苏籽作为种子品种。紫苏籽中的蛋白质不但含量高，而且氨基酸种类齐全，必需氨基酸含量与鸡蛋相当，是蛋白质含量丰富的优质食品。

3. 紫苏籽中的氨基酸

紫苏籽中氨基酸的含量约为19%，高于白苏籽的氨基酸含量（17%）。紫苏籽中必需氨基酸的含量约占8%。紫苏籽含有的18种氨基酸的含量（%）分别为：天冬氨酸，1.608；异亮氨酸*，1.013；苏氨酸*，0.802；亮氨酸*，1.356；丝氨酸，1.125；酪氨酸，0.872；谷氨酸，2.350；苯丙氨酸*，0.863；甘氨酸，1.112；赖氨酸*，1.225；丙氨酸，0.890；组氨酸**，0.302；胱氨酸，0.576；色氨酸*，0.223；缬氨酸*，2.345；精氨酸**，1.580；蛋氨酸*，0.212；脯氨酸，0.245。（*为必需氨基酸，**为儿童必需氨基酸。）

4. 紫苏多糖

在提取紫苏籽油后产生的紫苏籽粕中含有紫苏多糖，从紫苏籽粕中提取紫苏多糖可大大提高紫苏的附加值。紫苏多糖溶于水，常用的紫苏多糖提取方法为热水浸提法。

5. 紫苏籽中的微量元素

紫苏籽中也富含多种微量元素，如钾、钙、磷、锌等。常用的检测矿质元素的方法主要有火焰原子吸收光谱法、石墨炉原子吸收光谱法、氢化物原子吸收光谱法、原子荧光光谱法、原子发射光谱法等。

6. 紫苏籽中的黄酮类物质

黄酮在自然界中普遍存在，属于多酚类化合物，基本母核为 2- 苯基色原酮。紫苏籽黄酮类物质的主要成分是木犀草素和芹菜素，具有抗菌、消炎、抗病毒、抗氧化、免疫调节、止血、抗过敏和抗流感等功效，对动脉粥样硬化、心脑血管病、肝脏疾病等具有良好的预防和治疗效果，对过氧化脂质所引起的疾病也有一定疗效。

7. 紫苏籽中的酚酸类物质

酚酸类物质是指在芳香烃中苯环上的氢原子被羟基取代所生成的化合物，为次生代谢产物。紫苏籽中的酚酸类物质主要包括咖啡酸、迷迭香酸、香草酸和西咪达鸟嘌呤等，其中迷迭香酸具有抗氧化、调节免疫的功能。迷迭香酸在植物组织中通常会以酯化或糖苷化的形式存在，许多研究结果都表明迷迭香酸具有抑菌、抗炎、抗肿瘤、抗辐射等功能。另外最近几年发现紫苏籽中还含有香草酸和西咪达鸟嘌呤。从紫苏籽中提取出迷迭香酸，其抗氧化能力比抗坏血酸弱，但清除自由基能力比抗坏血酸强，因此可用它和其他的抗氧化物配合使用。

8. 紫苏籽壳多酚提取物

紫苏籽壳占籽粒总质量的 25% ～ 30%，是紫苏籽加工的主要副产物之一。紫苏籽壳多酚提取物中主要含有黄酮类物质木犀草素、芹菜素、黄芩素和酚酸类物质迷迭香酸等，具有抗氧化性，对大肠杆菌、金黄色葡萄球菌、枯草芽孢杆菌有抑制作用。将紫苏籽壳提取物加工为饲料添加剂，可充分发挥活性成分的作用，实现变废为宝的增值利用。

9. 紫苏籽中的纤维素和水分

除了以上成分外，紫苏籽还含有粗纤维 29% ～ 32%，水分 5.6% ～ 7.6%。紫苏籽极易失活，这应与油脂的水解、α - 亚麻酸含量较高、易氧化有关。因此，在紫苏籽收获和保藏时，更应注意含水量的控制。

10. 紫苏籽主要营养成分间的相关性

不同紫苏种质资源中主要营养成分、含油量、蛋白质含量及脂肪酸组成等变幅较大，品质指标间相关性分析对理解其品质成分累积变化及品质改良利用均有重要意义。相关性分析结果显示，紫苏籽的含油量与蛋白质含量、硬脂酸含量均呈极显著的正相关，与含水量呈极显著的负相关，这表示含油量高的紫苏籽中的蛋白质和硬脂酸含量高，含水量则低；α-亚麻酸含量与棕榈酸、硬脂酸、油酸和亚油酸含量均呈极显著的负相关，这表示α-亚麻酸含量高，则棕榈酸、硬脂酸、油酸和亚油酸含量低。

（三）紫苏籽主要营养成分含量分析

1. 紫苏籽含油量测定

采用索式抽提法，可参照《植物油料 含油量测定》（GB/T 14488.1—2008）进行测定。样品粉碎后于105℃烘2 h，在干燥器中冷却，准确称取0.5 g测试样品置于滤纸筒中。浸提杯也需置于105℃烘2 h，取出后再冷却称重。将已称重的浸提杯和装有样品的滤纸筒装入仪器，加入浸提溶液正己烷80 mL，浸提20 min后淋洗，回收溶剂，干燥10 min后获得浸提物，称重，计算含油量。

2. 紫苏籽中油成分测定

可参照《动植物油脂 脂肪酸甲酯的气相色谱分析》（ISO 5508—1990）标准进行测定。先将样品粉碎，于105℃烘2 h，在干燥器中冷却后准确称取0.5 g，加入石油醚-乙醚（1∶1）混合溶液5 mL，再加入0.5 mol/L的氢氧化钠-甲醇混合溶液5 mL，混匀后放置30 min，加入去离子水2 mL，静置2 h后，取1 μL上柱。色谱柱的柱温为190℃，恒温20 min；进样口温度250℃，不分流进样；氮气（99.995%）流速1 mL/min，柱压108.94 kPa；使用氢火焰离子化检测器（FID），温度240℃。采用面积归一法计算脂肪酸相对含量。

3. 紫苏籽蛋白含量测定

采用凯氏定氮法，可依照《食品安全国家标准 食品中蛋白质的测定》（GB 5009.5—2016）进行测定。称取 1 g 均匀混合样品至干燥的消化管中，加入 0.20 g 硫酸铜、6.0 g 硫酸钾和 20 mL 浓硫酸，220℃加热消化。消化液呈澄清透明后，冷却定容，以空白实验为对照计算样品中蛋白质含量。

4. 紫苏籽矿质元素分析

磷可采用光度法，硫用比浊法，其他元素选用干灰化法或湿法消解法。微量元素用去离子水淋洗干净，置 105℃烘箱中干燥 4 h，精密称取样品 3.0 g，于马福炉中灰化 8 h，准确加入 20% 硝酸 20.0 mL，搅拌均匀，过滤。用电感耦合等离子体发射光谱仪做半微量分析。

5. 紫苏籽含水量测定

由于紫苏籽中含水量直接影响营养成分的检测结果，因此需要对紫苏籽含水量进行检测。紫苏籽含水量测定采用直接干燥法，可参照《食品安全国家标准 食品中水分的测定》（GB 5009.3—2016）进行测定。准确称取紫苏籽 5 g，加热 105℃至恒重后计算紫苏籽含水量。

（四）紫苏籽有效成分的提取

目前，紫苏籽有效成分的提取多集中在蛋白质、油脂、黄酮类、多糖及酚酸类上，且方法多样。在提取其他有效成分时，需根据该成分的特点选择适合的方法，使提取率更高、生产成本更低。

1. 紫苏籽油的提取

提取油脂除常规的溶剂浸提法和机械压榨法以外，还有很多新的提取方法已经投入使用，如水酶提取法、微波辅助提取法、超声波辅助超临界流体萃取技术等。其中水酶提取法和超声波提取法简单、提取率高、适合生产使用，而超声波辅助超临界二氧化碳萃取法虽然提取率较高，但成本较高且提取工艺难以控制。

2. 紫苏籽蛋白的提取

可采用碱提酸沉法提取蛋白质，对紫苏籽蛋白的提取影响较大的因素是pH。在提取紫苏籽蛋白时，微波辅助提取率高，还可使用超声波和微波协同辅助进一步提高提取率。紫苏蛋白提取率为23%，纯度为83.67%。通过研究电泳图上的杂带，发现紫苏籽蛋白为混合蛋白质，分析蛋白质中氨基酸的组成和含量，发现必需氨基酸含量较高。

3. 紫苏籽蛋白的纯化

紫苏籽蛋白纯化可用超滤处理去除植酸等杂质。超滤处理可以除去多数植酸等杂质，且在处理过程中蛋白没有变性。

4. 紫苏籽多糖的提取

用热水法提取紫苏籽多糖，提取率为 8.34%。采用碱提法和酸提法得到多糖，提取率分别为 5.57% 和 1.42%。

5. 反相高效液相色谱法提取三萜类化合物

反相高效液相色谱是由非极性固定相和极性流动相所组成的液相色谱体系，正好与由极性固定相和弱极性流动相所组成的液相色谱体系（正相色谱）相反。用 Kromasil C18 色谱柱（250 mm×4.6 mm×5 μm）、光电二极管阵列检测器，在流动相甲醇 - 水（87：13）、检测波长 210 nm、流速 0.8 mL/min、柱温 28℃条件下，分离得到熊果酸 0.47 mg/g、齐墩果酸 0.22 mg/g。熊果酸是存在于天然植物中的一种三萜类化合物，可镇静、抗炎、抗菌、抗糖尿病、抗溃疡、降血糖等，熊果酸还具有明显的抗氧化功能，因而被广泛地用作医药和化妆品原料。齐墩果酸为五环三萜类化合物，可减轻肝损伤，对急性、慢性肝炎及肝硬化动物均有明显降酶作用。

6. 用超声技术提取迷迭香酸

利用超声波振动的方法进行提取，可以使溶剂快速地进入固体物质中，将紫苏籽所含的有机成分尽可能地溶于溶剂之中，得到的多成分混合提取液需进一步提纯。提取时超声功率 380 W、乙醇浓度 60%、提取时间 85 min，然后用大孔树脂与聚酰胺树脂相结合的方法进行提纯，分离出纯度为 95% 的迷迭香酸，紫苏籽中迷迭香酸得率 0.59%。迷迭香酸是一种水溶性的天然酚酸类化合物，具有较强的抗氧化性，有助于防止自由基造成的细胞受损，降低了癌症和动脉硬化的风险。

（五）紫苏籽的食用价值

紫苏籽因其独特的颜色和风味，较高的食用保健和药用价值，被广泛地应用在食品工业中，是一种重要的功能性食品材料。紫苏籽被美国食品药品监督管理局认定为一种公众安全食品原料。紫苏籽油在中国、韩国、日本和印度等亚洲国家一直被用于食用油。紫苏籽提取物中含有降血脂、降低动脉粥样硬化和血栓形成的活性成分。将紫苏籽油与紫苏提取物混合配制的饮料，可以显著降低脂代谢紊乱患者血清中甘油三酯和总胆固醇的浓度，升高高密度脂蛋白浓度。将紫苏籽粉与麦芽糖、乳糖等物质均匀混合后，经过制片加工工艺可制作成咀嚼片。紫苏籽咀嚼片中维生素和矿物质含量丰富，对人体的健康具有良好的作用。

紫苏籽也可制备成发酵紫苏粉。添加发酵紫苏粉的蛋糕的储藏稳定性优于未添加发酵紫苏粉的蛋糕。发酵紫苏粉可按如下方法制备：将紫苏籽清洗后烘干，粗粉碎后超临界萃取（萃取压力 25 MPa，萃取温度 40℃，二氧化碳流量 20 L/h），经超微粉碎成 74 μm 的粉状，高压蒸汽灭菌，用凝结芽孢杆菌和乳酸克鲁维酵母菌接菌，恒温培养，高压蒸汽灭菌，烘干，再超微粉碎制备成发酵紫苏粉。发酵紫苏粉添加量为 25% 的蛋糕在失水比、老化度、TBA 值（TBA 值反映的是蛋糕中脂类物质的氧化程度的高低）、焓值（蛋糕的老化程度）分别比未加发酵紫苏粉的蛋糕下降 5.67%，72.35%，23.94% 和 54.03%。

（六）紫苏籽的保健作用

紫苏籽油中的 ω-6 与 ω-3 脂肪酸的比值低至 0.2 ～0.26，对改善人体健康有很大的帮助，是一种能开发成保健品和膳食补充剂的好原料。从紫苏籽提炼出的营养保健油可制成能预防心脑血管病的紫苏籽油胶囊。紫苏籽作为香料在亚洲，尤其是韩国已被广泛使用。紫苏籽集营养性与功能性于一体，应用价值极高，尤其是在营养保健方面具有较高的应用价值。

1. 紫苏籽是我国传统的中药材

紫苏籽具有降气、消痰、平喘、抗炎、解毒、疏肝、益脾、镇痛、润肠等功效。紫苏籽作为紫苏的重要药用部位很早就有入药记载，紫苏籽是一种 α- 亚麻酸高含量的保健食品。随着科学工作者对紫苏籽药食两用产品的逐步深入研究，紫苏籽有望成为治疗一些疾病的重要药品和功能性食品。

2. 紫苏籽的抗炎作用

紫苏籽因其显著的抗炎、抗过敏活性备受关注。目前已明确的紫苏籽的主要抗炎活性成分有 α- 亚麻酸、紫苏醛、异紫苏酮、木犀草素、木犀草苷和迷迭香酸等，在调控动物免疫细胞活性、促进免疫器官发育、抑制炎症介质释放等方面有正向调节作用。木犀草苷可减少细胞中一氧化氮的释放，且在二甲苯致炎小鼠模型中，能明显缓解小鼠的耳肿胀度，具有良好的抗炎效果。慢性支气管炎患者可以饮紫苏籽水，具体做法如下：取紫苏籽 3 g，开水冲泡，当茶频饮，每日一剂。紫苏籽油也可通过抑制过敏介质的致敏作用来发挥平喘作用，并且能明显抑制外周血和肺组织中炎症细胞的聚集反应。

3. 紫苏籽的抗氧化作用

紫苏籽中的活性物质具有较强的清除体内自由基和抗氧化的生理功能，可以通过减少体内脂质过氧化物的产生，延缓机体衰老。采用大孔树脂分离纯化了紫苏籽壳多酚后经液 - 质联用分析，已鉴定出 4 种物质，分别为木犀草素 -7-*O*- 葡糖苷、芹菜素 -7-*O*- 二葡糖苷、黄芩素 -7-*O*- 葡糖苷和迷迭香酸。迷迭香酸可以通过一氧化碳的生成以及抑制一氧化氮合酶（NOS）的蛋白合成而发挥抗氧化作用；也可以竞争性结合脂质过氧基，使脂质过氧化连锁反应终止。紫苏籽抗氧化能力的强弱与提取物中酚类物质的含量成正比，对 DPPH 自由基抗氧化力高达 83%。DPPH 为 1,1- 二苯基 -2- 三硝基苯肼，DPPH 自由基为稳定的自由基，广泛用于定量测定生物试样、纯化合物、提取物的体外抗氧化能力。紫苏籽对 ABTS 自由基抗氧化力可达到 91%。ABTS 为 2,2′- 联氮 - 二（3- 乙基 - 苯并噻唑 -6- 磺酸）二铵盐，可用于评价植物、纯化合物的抗氧化能力。紫苏籽壳多酚具有较强的清除 ABTS 自由基、羟基自由基（·OH）、DPPH 自由基的能力，是良好的天然抗氧化剂。紫苏籽中的黄酮类物质主要通过与金属离子螯合来阻止羟基自由基的生成，通过与超氧阴离子自由基（$\cdot O_2^-$）反应阻止自由基引发，与脂质过氧化自由基（ROO·）反应阻止氧化过程。紫苏籽甾醇对 DPPH 自由基、羟基自由基和超氧阴离子自由基也均有较强的清除能力。

4. 紫苏籽对肠道菌群的影响

紫苏籽提取物能促进有益菌的生长，抑制有害菌的增殖。实验证明紫苏籽油比菜籽油更能促进嗜酸乳杆菌增殖，当添加 3% 紫苏籽油时，嗜酸乳杆菌的增殖数达到峰值。紫苏醛能有效抑制黄曲霉菌的生长及其毒素的产生，减少霉菌毒素对动物肠道正常菌群结构的影响。紫苏籽油与菜籽油对双歧杆菌的增殖均有促进作用，1% 的紫苏籽油对双歧杆菌的增殖效果与 5% 的菜籽油相当，因此在需要少量添加油脂时可优先考虑使用紫苏籽油。另外，紫苏籽油还可使小鼠粪便中的大肠杆菌数量显著下降。

5. 紫苏籽提取物的抗肿瘤作用

CN202010461030.8 报道了一种具有抗肿瘤作用的紫苏籽提取物及其制备方法与应用，属于功能食品开发领域。为了提高紫苏籽粕的利用价值，此发明将紫苏籽粕用石油醚脱脂处理，水提取后得到的提取液经乙醇沉淀得到紫苏籽提取物。该提取物具有明显的抑制肿瘤生长的作用。

6. 紫苏籽萃取物可用于治疗精神障碍症

CN201510404034.1 报道了包含迷迭香酸、木犀草素、芹菜素的紫苏籽萃取物，其中迷迭香酸、木犀草素、芹菜素的质量比为（0.1 ～ 200）：（0.1 ～ 200）：1，至少含有迷迭香酸、木犀草素、芹菜素其中之一的紫苏籽萃取物可用于治疗精神障碍症。

（七）紫苏籽在畜牧生产中的应用

榨油后的紫苏籽粕适口性好、味道芳香、蛋白质和必需氨基酸的含量丰富，是很好的植物蛋白资源，可用作动物饲料中蛋白质的组成成分，也可以作为饲料添加剂添加到饲料中。紫苏籽作为我国的传统中草药，所含的有效成分可以提高动物的生产性能、提高动物体免疫力、改善动物源性产品营养成分和品质等，且无毒、无污染、无药物残留，饲喂效果好，是一种天然的饲料添加剂。由于不同品种紫苏籽的化学成分差异大，今后可在紫苏优势品种培育、脱毒、有效成分分离纯化及抗生素替代等方面深入研究。

1. 对动物生产及生长性能的影响

将紫苏籽提取物添加到家禽的饲粮中不仅可以提高蛋鸡的产蛋率、平均蛋重、料蛋比以及饲料转化率等生产性能，而且还能提高肉鸡消化道中各种消化酶的活性，改善肠道环境，进而提高肉鸡的生长性能。紫苏籽提取物可降低料蛋比，添加 0.03% 紫苏籽提取物能显著提高蛋鸡产蛋率和平均日产蛋量。植物中黄酮类物质具有弱雌激素活性，能促进蛋鸡卵泡的发育和排卵，黄酮类物质与机体内雌激素受体结合，能促进黄体生成和排卵，对畜禽的生产性能产生双向调节的作用，利于产蛋。紫苏籽提取物可以促进育肥猪血清中相关生长调节剂的分泌，增加蛋白质合成，促进猪只快速生长。

紫苏籽中的黄酮、迷迭香酸等生物活性物质可以通过调节机体生理、生化机制，清除体内自由基，减少体内脂质过氧化物的产生，延缓机体衰老，从而起到提高动物生产性能的作用。实验表明，紫苏籽油、紫苏醛、柠檬烯都对小鼠的生长性能、血液指标及粪便菌群有影响。分别给小鼠灌胃紫苏籽油（0.03 mL/kg）、紫苏醛（8.54 mg/kg）和柠檬烯（4.53 mg/kg），每天灌胃 1 次（250 μL/ 次），1 周后与对照组相比，灌胃紫苏醛组平均日增重提升 39.6%，2 周后灌胃紫苏籽油组的小鼠，平均日增重和平均日采食量分别增加 49.2% 和 44.3%，这可能与紫苏籽油含有较多芳香烃化合物，气味芳香从而具备诱食作用有关。

2. 对动物产品品质的影响

饲料中添加一定量的紫苏籽或其提取物会对动物产品品质产生一定的影响。如在动物的饲粮中添加紫苏籽，饲喂的动物体内富含多不饱和脂肪酸，而多不饱和脂肪酸对畜禽肉的风味、柔嫩度，以及禽蛋的品质等有重要的影响作用。这是因为动物体内富含的多不饱和脂肪酸通过抑制某些酶的活性促进体内脂肪降解，减少脂肪的合成和沉积，而脂肪含量的高低与肌肉的柔嫩度有关。在基础饲料中添加紫苏籽，饲喂雄性湖羊羔 84 天后发现，与对照组相比，实验组湖羊肌肉和肝脏中 α-亚麻酸、异油酸、二十碳五烯酸和二十二碳五烯酸的含量增加，肌肉组织中 ω-3 多不饱和脂肪酸沉积量也相应提高。在肉鸡饲粮中添加紫苏籽提取物可以显著提高肉鸡胸肌和腿肌的柔嫩度，降低胸肌和腿肌中脂肪含量。在基础饲料中添加 150 mg/g 紫苏籽提取物饲喂艾维因鸡 42 天，其腿肌、胸肌柔嫩度分别提高 6.2%、15.8%，粗蛋白质含量均有所提高，而腿肌、胸肌粗脂肪含量分别下降了 22.04%、39.19%，鸡肉中总还原糖、肌苷酸和谷氨酸含量均显著提高。将紫苏籽提取物作为饲料添加剂添加到育肥猪的饲料中，可以明显改善猪肉的品质、免疫功能及生长发育情况。实验发现，在基础饲料中添加 200 mg/kg 紫苏籽提取物，饲喂育肥猪 56 天，育肥猪瘦肉率和眼肌面积（眼肌面积指家畜背最长肌的横断面面积，性状与家畜产肉性能有强相关关系）分别显著提高 5.91% 和 4.02%，肉色评分、肌内脂肪含量和肌苷酸含量均显著提高。紫苏籽提取物对育肥牛的肉柔嫩度也有一定的改善作用。在蛋鸡饲料中添加不同含量的紫苏籽，所产的鸡蛋蛋黄中多不饱和脂肪酸和脂肪酸含量随饲粮中添加的紫苏籽量增加而增加。饲料中添加紫苏籽提取物能显著降低鹌鹑血清中总胆固醇、甘油三酯、低密度脂蛋白含量，升高血清中高密度脂蛋白含量。向 1 日龄鹌鹑的基础饲料中添加 10% 的紫苏籽粉，可显著提高 35 日龄和 50 日龄鹌鹑肉中多不饱和脂肪酸含量以及 50 日龄鹌鹑肉中蛋白质含量，早期投喂有利于多不饱和脂肪酸在肉中沉积。

3. 提高动物免疫功能

紫苏籽中增强免疫的主要成分为脂肪酸、酚酸类、植物黄酮及多糖等。紫苏籽中的 α - 亚麻酸对自然杀伤细胞（NK 细胞）和 T 细胞的活化、细胞因子的产生、免疫细胞的增殖以及免疫应答具有不同的调节作用。α - 亚麻酸可以通过调节免疫细胞膜上的分子和受体表达来影响机体细胞免疫反应，可以通过增加肠系膜淋巴结和血液中免疫球蛋白含量，提高机体体液免疫，还可以通过对树突状细胞进行调控来发挥对机体免疫系统的作用；迷迭香酸可以通过抑制 T 淋巴细胞增殖、抑制花生四烯酸代谢途径中 5- 脂氧合酶活性、抑制核细胞因子 κB 信号通路（可改变基因的表达）等对机体免疫系统起到调节作用；生物类黄酮具有增强机体体液免疫和非特异性免疫的功能。以育肥牛为实验对象发现，在饲粮中添加 0.03% 紫苏籽提取物就可显著提高其免疫力。在肉仔鸡饲粮中添加不同水平的紫苏籽提取物，与添加抗生素组对比，添加紫苏籽提取物组免疫器官指数、新城疫抗体效价及血清中免疫球蛋白 G 浓度均有显著提高，其效果优于抗生素。紫苏籽提取物在增强肉仔鸡免疫力的效果上优于金霉素，基础饲料中添加紫苏籽提取物能显著提高肉仔鸡各阶段的免疫器官指数。饲料中添加 0.5% 的复方紫苏中草药超微粉可以明显降低仔猪腹泻率和死亡率。

第三章

紫苏籽油

早在《神农本草经》中就提到紫苏籽可以榨油，并将紫苏籽油列为上品，紫苏籽油是古时候专门进贡给皇家食用的名贵食用油。近年来，由于紫苏籽油营养丰富，并可代替鱼油而受到广泛关注。药食两用的紫苏籽油富含 α-亚麻酸，是植物性 ω-3 多不饱和脂肪酸的最佳来源之一。α-亚麻酸可以在体内转化为 EPA 和 DHA，这两种物质正是深海鱼油不饱和脂肪酸的主要成分，所以紫苏籽油享有“陆地深海鱼油”的称号。紫苏籽油中还含有亚油酸、油酸、黄酮、甾醇和维生素 E 等活性成分，而且不含芥酸等有害物质。现代人越来越重视健康保健，称紫苏籽油为“液体黄金”。虽然紫苏籽油目前还属于小品种油，生产规模还不够大，但已在特定区域形成主流。食品安全企业标准《紫苏油》(Q/LXF

0002 S—2012）规定了紫苏籽油的技术要求、检验规则、标志、包装、运输、贮存，适用于以紫苏籽为原料，经压榨、脱色、脱酸、脱胶、脱臭、包装制作而成的紫苏籽油。紫苏籽油已成为一种性价比高、功效显著的保健油，不含胆固醇，适合老年人服用，其消费的增长比例正迅速提高。

（一）紫苏籽油的理化性质

紫苏籽油又称紫苏油，是一种淡黄到暗黄色的油状液体，澄清透明，具有特殊的枯草香气，味甜，具有防腐作用，是一种干性油脂。由于紫苏的产地和品种不同，紫苏籽油的理化性质存在着差异，不同文献报道的紫苏籽油的相对密度、烟点、酸价、碘值、过氧化值、水分及挥发物含量等理化性质都有着明显的差异。根据国家粮食和物资储备局发布的行业标准《紫苏籽油》（LS/T 3254—2017），紫苏籽油的物理性质如下：相对密度（d_{20}^{20}）为 0.920 ～ 0.936，相对密度较大的油脂不饱和程度较高；碘值（以 I 计）为 152 ～ 208 g/100 g，碘值高的油脂不饱和程度很高；过氧化值为 0.45 ～ 15.08 mmol/kg；皂化值为 187 ～ 197 mg KOH/g，皂化值的高低反映油脂中脂肪酸相对分子质量的大小；不皂化物质总量为 1.49%；酸价为 0.46 ～ 9.15 mg KOH/g，酸价要求低于食用油的国家标准（≤4 mg KOH/g）；折射率 n_{D}^{40} 为 1.475 ～ 1.490，栽培的紫苏籽油折射率为 1.4760；水分及挥发物含量为 1.03% ～ 13.82%；烟点为 202 ～ 250℃，烟点的产生主要是由于油脂中存在一些相对低沸点的物质，如游离脂肪酸、甘油一酯。烟点较高表示其游离脂肪酸含量偏高，烟点较低，游离脂肪酸含量较少。炒菜的时候，油温不要超过 200℃，因为一旦到达了烟点，紫苏籽油裂解，α - 亚麻酸就会流失 60% 以上。营养物质流失，食用紫苏籽油的目的就达不到。紫苏籽油的透明度要求为紫苏籽油经 5.5 h 冷冻实验前后仍为澄清透明，表明所得油纯度高，含水量少。紫苏籽油的色泽按国家标准规定可用罗维朋比色计法测定，用标准颜色玻璃片与油样的色泽进行比较，色泽的深浅用标准颜色玻璃片上标明的数字来表示。紫苏籽油黄色应在20左右，红色介于0.2与2.6之间。罗维朋比色计法是目前国际上通行的检验方法，罗维朋色度测量范围：红色（R）为0.1～79.9，黄色（Y）0.1～79.9。从色泽上看，不同紫苏品种间虽存在明显不同，但均应符合大豆油三级的标准（黄色≤70，红色≤4.0）。紫苏籽油经280℃加热实验，无析出物，黄色不变，红色增加且 ΔR ≤0.4。若红色增加值小，表明其磷脂含量较低。

（二）紫苏籽油的主要成分

紫苏籽油中主要有5种脂肪酸、4种植物甾醇、3种生育酚。不同产地的紫苏籽油的脂肪酸组成基本相同，但含量由于与种植地区的栽培种质及气候因素密切相关而存在差异。紫苏籽油中主要的5种脂肪酸，按含量多少排列为 α-亚麻酸、油酸、亚油酸、棕榈酸和硬脂酸；紫苏籽油中总生育酚含量为63.4～99.4 mg/100 g，存在3种生育酚，为 α-生育酚、β-生育酚和 γ-生育酚，其中 γ-生育酚最为丰富，γ-生育酚占总生育酚含量95%左右，高达128.28 mg/kg；紫苏籽油中总甾醇含量为67.0～94.4 mg/100 g，含有 Δ5-燕麦甾醇、菜籽甾醇、β-谷甾醇及环阿廷醇4种植物甾醇。α-亚麻酸、γ-生育酚、菜籽甾醇是紫苏籽油的特征活性成分。

（三）紫苏籽油的稳定性

氧化稳定性能很好地估算出油脂氧化退化的敏感性，是评估紫苏籽油质量的一个主要参数。由于紫苏籽油不饱和脂肪酸含量高而易氧化，高含量 α-亚麻酸的紫苏籽油的氧化稳定性低于一般常见的植物油，明显低于菜籽油、橄榄油和椰子油，因此在紫苏籽油的加工、运输和储藏过程中需要防控油脂氧化，也应尽量避免在高温条件下使用。不同品种的紫苏籽油抗氧化性也存在较大差异，色泽稳定、水分及挥发物含量少的紫苏籽油抗氧化性强，适于食用油开发，α-亚麻酸含量高、抗氧化性强的品种应优先选育。过氧化值是衡量油脂氧化程度的指标，一般来说，过氧化值越高其酸败程度越大，过氧化值也可用于评价油脂产品的货架期。紫苏籽油在加速氧化过程中，油脂的过氧化值逐渐增加。食用植物油成品油的过氧化值不应超过 20 meq/kg（1 meq/kg=0.5 mmol/kg），63 ℃下加速氧化一天相当于室温下一个月的氧化。测试加速氧化过程时，若前 7 天油脂的过氧化值均小于 20 meq/kg，而 14 天之后过氧化值均大于 20 meq/kg，就表明紫苏籽油在常温下半年内应较为稳定；用于表征油里面醛、酮、醌等二级产物含量的茴香胺值也常被用于评估油脂的氧化程度，茴香胺值与过氧化值变化呈现相似规律，因此可以通过过氧化值或茴香胺值来初步评价紫苏籽油的氧化程度。

1. 酸价和过氧化值

酸价和过氧化值的升高都反映了油脂品质的下降，是衡量油脂品质的重要指标。根据行业标准《紫苏籽油》（LS/T 3254—2017）对紫苏籽油酸价及过氧化值的规定，酸价≤3 mg/g、过氧化值≤20 meq/kg 的为合格。不同紫苏品种间氧化稳定性的差异可能与种子本身质量有关。紫苏籽油的酸价和过氧化值与原料、制取工艺、加工工艺、贮运方法与贮运条件都有关，主要与加工工艺有关。液压法提取的油脂的酸价和过氧化值较小，在制油过程中受热或解脂酶的作用，紫苏籽油分解会产生游离脂肪酸，导致油脂酸价增加。温度对紫苏籽油氧化酸败的影响显著，低温可降低油脂的氧化。虽然冻融处理对紫苏籽油的颜色没有影响，但其颜色会因精炼和加工过程中的美拉德反应（非酶褐变现象）和焦糖化反应而发生变化，高温和烘焙也会改变油的色泽。紫苏籽油在贮藏期间，由于水分、温度、光线、脂肪酶等因素的作用也会被分解为游离脂肪酸，从而使其酸价增加，稳定性降低，而避光、低温及密封处理都能在一定程度上延缓初榨紫苏籽油的氧化进程。榨出的紫苏籽油在精制前，酸价、过氧化值、色泽等指标应符合国家主要食用植物油标准对四级油的要求。

2. 紫苏籽油的氧化产物

一个双键氧化断裂可生成两个醛类化合物，紫苏籽油中的不饱和脂肪酸，氧化会生成醛类、酮类、酸类等。进行加速氧化（加速氧化一天相当于常温下一个月）时，紫苏籽油中含有的醛类有丙醛、2-己烯醛、2,4-壬二烯醛、2-壬烯醛、壬醛等。油酸含有一个双键，氧化主要生成壬醛，亚油酸含有两个双键，氧化主要生成己醛，α-亚麻酸含有三个双键，更易氧化，氧化主要生成2,4-壬二烯醛、2-戊烯醛、2,4-庚二烯醛和丙醛。食用油的氧化极其复杂，其氧化产物对消费者的健康有直接的负面影响，应尽量防止氧化。

3. 影响紫苏籽油的氧化稳定性因素

温度对紫苏籽油氧化酸败的影响显著，以4℃为最佳储存温度。温度增高会促进微生物活动，脂肪酶的活性增强，会加快氧化反应速度，导致油脂快速经过诱导期而进入氧化期，使过氧化值显著增加，油脂迅速劣变；降低温度，能终止或延缓油脂的酸败过程。通过人工添加天然抗氧化剂的方法不仅可以延长紫苏籽油的货架期，对油品本身的营养价值也有所提升。研究发现，分别添加0.1 g/kg的维生素C、0.4 g/kg茶多酚或0.3 g/kg维生素E都可延缓紫苏籽油酸价和过氧化值的增加，即可延长油品贮藏期，但以添加0.1 g/kg的维生素C为更佳。将紫苏籽油置于低温（4℃）并添加0.1 g/kg的维生素C条件下储存，与常温下不添加抗氧化剂的紫苏籽油对比发现，常温下不添加抗氧化剂的紫苏籽油可储存5个月左右，其酸价超过食用范围，不宜食用，保存在4℃并添加0.1 g/kg的维生素C的紫苏籽油可储存12个月，其品质仍处于可食用范围。

（四）紫苏籽油的制备

根据国家粮食和物资储备局发布的紫苏籽油行业标准，野生紫苏籽含油量约为30%，而人工栽培的紫苏籽含油量可达60%。从紫苏籽中提取油脂的工艺有传统提取工艺和新型提取工艺，采用新型提取工艺制备紫苏籽油是大势所趋。传统提取工艺一般是压榨法和有机溶剂萃取法，但这两种提取方法分别存在出油率低、溶剂与油脂互溶及溶剂残留等缺点。新型提取工艺相比传统提取工艺，提高了油脂的出油率，并且不易产生有毒、有害物质，但是也存在工艺复杂、成本高等缺点。新型提取工艺包括微波辅助提取法、超声波辅助提取法、超临界二氧化碳萃取法等。新型提取工艺具有两个特点，即在极短时间内的高出油率和在高产条件下的油脂的优异抗氧化性。

1. 压榨法

压榨法是传统的植物油脂的提取方法，通过机械外力将油脂从原料中挤压出来。该方法操作工艺简单、生产安全性高、适用范围广泛，但该法会造成油料出油率低，原料的综合利用率偏低，油料中活性成分的损失较大。压榨法一般用于含油量较高的油料作物，且在压榨之前对油料进行适当的预处理（如焙烤），以提高产品的出油率。紫苏籽油压榨法从工艺上分为冷榨法和热榨法两种。

（1）冷榨法。冷榨法是指将未经蒸炒处理的油料直接进行压榨且过程中维持较低温度的榨油方法。冷榨可以最大限度地保留油脂的天然风味，且不影响油脂中有效成分的保留。冷榨油颜色金黄或者淡黄，冷榨紫苏籽油又称初榨油，制作方法是紫苏籽经过水洗、烘干后，用液压机压榨，然后经过过滤、沉淀的物理步骤。冷榨法并没有任何添加和化学处理，获得的紫苏籽油中 α-亚麻酸含量高达66%以上。用冷榨机投入工业化生产，直接压榨可以得到天然的紫苏籽油，从健康产品和油料蛋白的需求出发，冷榨紫苏籽油更好一些。机械压榨法是将紫苏籽粉碎后过840～2000筛，然后置于压榨机中，温度控制在100℃以下，压榨提取时间8 h。

CN201710497190.6提供了一种紫苏籽油低温液压压榨工艺：将紫苏籽去杂除尘后清洗并离心脱水，烘干至含水量小于3%以下，烘干后的物料降温至50℃以下，加入液压榨油机内，加压达到60 MPa，压榨15～20 min；每隔3 min真空过滤10 s，即得低温半成品油和圆饼，每个压榨过程过滤次数不超过5次；再将低温半成品油在20～30℃条件下静置沉淀 10 天后获得成品紫苏籽油。照此生产的紫苏籽油无溶剂残留、营养价值高、含水量低、保质时间长、色泽清亮、口感醇香、α - 亚麻酸含量高达 67% ～ 72%。

（2）热榨法。热榨法是将油料作物进行高温蒸炒等处理后进行榨油的方法。相比冷榨法，热榨法能更好地提高出油率，且使油脂增添浓郁的风味，但温度过高会改变油脂的性质，破坏油脂中脂肪酸的稳定性，芳香性成分大量挥发，蛋白质变性严重。随着焙烤时间和温度的增加，紫苏籽油色泽加深，风味更加浓郁香醇，氧化稳定性增强。熟榨紫苏籽油的颜色是红棕色，α - 亚麻酸含量高达 60% 以上，味道香浓，是紫苏籽炒熟后，经过过滤、沉淀、压榨后获得的，没有任何添加和化学处理。热榨法加热通常在 150 ～ 250℃高温下焙烤 3 ～ 30 min，再使用压榨机对熟籽进行压榨。经过高温焙烤获得的油脂与未焙烤获得的油脂相比，具有更好的风味和色泽。焙烤对压榨紫苏籽油品质有影响，经过 220℃焙烤 5 min 的紫苏籽出油率（约 50%）显著高于未经过焙烤的紫苏籽出油率（38.4%）。分别经过 180℃、200℃、220℃焙烤的油料，其油品中总生育酚和 γ - 生育酚含量随着焙烤时间的延长逐渐增加，焙烤处理对紫苏籽油在 60℃储存 60 天期间的氧化稳定性以及生育酚的稳定性具有有利的影响。因此，在压榨之前，对紫苏籽进行适当的焙烤处理，选择适宜的焙烤温度，会使油脂的品质与贮藏稳定性有明显的提高。

2. *溶剂浸提法*

溶剂浸提法系指采用易挥发的有机溶剂提取油脂，将提取液加热蒸馏冷凝，重复流回浸出器中循环提取。溶剂浸提法较机械压榨法得率高，提取时间长，提取时间可达 8 ～ 24 h，甚至更久，这会消耗相当多的时间和热能。溶剂浸提法是利用有机溶剂（如正己烷、石油醚、乙酸乙酯等）浸泡或喷淋油料，从油料中将油脂萃取出来。该法提取油脂操作简单、成本较低、出油率高、温度要求低，易实现规模化和自动化生产，但生产的毛油中溶剂残留量大、色泽偏深，可能对消费者健康及环境存在一定程度的影响。以石油醚作为提取溶剂，用溶剂浸提法提取紫苏籽油的最佳工艺条件为：紫苏籽 17 g，温度 80℃，石油醚用量 170 mL，提取时间 6.4 h。在此工艺条件下，紫苏籽的出油率能够达到 41%。利用正己烷浸提法紫苏籽的出油率为 41.76%，在正己烷萃取的油脂中磷含量 130.92 mg/kg，明显高于压榨油的 75.58 mg/kg，而用超临界二氧化碳萃取法获得的油脂中未检测出磷，这可能就是超临界二氧化碳萃取油脂的氧化稳定性明显低于正己烷萃取油脂的主要原因。溶剂浸提法制备的紫苏籽油中 α - 亚麻酸含量最高可达 78.26%。

3. 水酶法

油料中的油脂一般是以脂多糖和脂蛋白两种形式存在于细胞中，并与细胞壁中纤维素、木质素等相互联结，构成复杂的聚合物体系。采用水酶法提取紫苏籽油的原理是利用合适的酶制剂降解细胞壁，用水将反应体系调至合适范围，待充分酶解后将油脂分离出来。水酶法能够促进油脂与粕的分离，不易造成蛋白质损失，所制备的紫苏籽油纯度较高、颜色澄清、营养品质高。水酶法是在机械破碎的基础上，采用酶降解植物细胞壁使油料得以释放的一种方法。水酶法萃取温度较低，不需要易燃、易爆溶剂，且不产生有害废物，但成本高。水酶法萃取紫苏籽油的最佳工艺条件为：碱性蛋白酶，pH 9.5，液固比 9.97∶1（mL/g），加酶量 2.75%，温度 56.1℃，时间 5.25 h。在此工艺条件下，紫苏籽的出油率可达到 37.65%。水酶法提取的油脂色泽澄清透明、抗氧化能力较强、富含大量不饱和脂肪酸（87.23%）。再采用热处理方式辅助水酶法提取紫苏籽油，得率提高至 49.44%。使用水酶法提取紫苏籽油还可回收蛋白质，提取条件为：料液比 1∶4，pH 8.94，温度 61.3℃，酶添加量 1.5%，时间 4.47 h。在此条件下，油脂及蛋白质提取率分别为 85.59%、73.43%。

4. 微波辅助提取法

微波辅助提取法是微波和传统溶剂提取相结合的一种提取方法，具有萃取效率高、萃取速度快、溶剂消耗少等优点，在密闭容器中可以同时提取多个样品，但尚未能大规模应用。利用微波处理紫苏籽，使微波能量渗透至油料中，在其内外产生较高温度差，导致内部压力升高，细胞结构被破坏，促使油脂及油脂中活性成分在短时间内加速渗出，明显提高油脂的提取效率和品质。也有研究表明微波辅助提取法可以增加紫苏籽油中维生素 E 和植物甾醇的含量，还能提高其氧化稳定性和抗氧化性。以石油醚作为提取剂，微波辅助提取紫苏籽油实验的最佳工艺条件为：利用微波对油料分别提取 2 次，前后油料与溶剂比例为 1 : 6 和 1 : 4，微波频率 2450 MHz，功率 70 W，2 次提取时间分别为 3 min 和 2 min。在此工艺条件下，紫苏籽油的出油率达到 32.1%，紫苏籽油中亚麻酸含量（56.1%）高于单纯的溶剂萃取油（48.9%）。微波辅助提取法的优势主要在于能够提供高的加热效率和较好的加热均匀性，降低设备维护成本，实现安全的生产加工。

5. 超声波辅助提取法

超声波辅助提取法是在溶剂浸提法的基础上发展的一项新型提取工艺，利用超声波的空化效应，使分子在液体界面扩散加剧，促进细胞破碎及油脂渗出。将它与传统的提取技术结合使用，能够提高提取效率。以正己烷作为提取剂，利用超声波辅助提取紫苏籽油，最佳的提取工艺条件为：提取温度 41℃，提取时间 17 min，液固比 7 : 1。超声波辅助提取紫苏籽油能够减少溶剂用量，使出油率提高到 36.27%。与传统的提取工艺相比，超声波辅助提取得到的紫苏籽油碘值高（176.688 g/100 g），酸价和过氧化值低（0.773 mg KOH/g，0.855 mmol/kg），含有丰富的植物甾醇和生育酚（3.478 mg/g，0.498 mg/g），具有较好的食用油品质和营养价值。通过优化超声波提取工艺来萃取紫苏籽油，最终出油率达 56.65%，此法简便快捷，而且出油率高，适于大规模生产。

6. 超临界二氧化碳萃取法

超临界流体萃取法集提取和分离于一体，无有机溶剂残留，环境友好，但成本高。此方法使用的主要超临界溶剂是价格低廉的二氧化碳，二氧化碳在室温和常压下呈气态，回收非常简单。此方法在低温条件下利用二氧化碳良好的溶解性、来源丰富和无毒无害等优势，通过不断调整流体密度来提取油脂，是一种绿色高效的提取方法。

超临界二氧化碳萃取紫苏籽油的最佳工艺条件为：萃取压力 35 MPa，萃取温度 45℃，萃取时间 2.5 h。在此工艺条件下，紫苏籽油的平均得率为 43.17%，最高可达 48%。通过该法提取的紫苏籽油中不饱和脂肪酸（α-亚麻酸、油酸和亚油酸）含量高达 91.94%，其中 α-亚麻酸含量最高可达 78.26%。现在很多研究也采用了新型流体进行实验，使用压缩液化石油气作为流体，虽未能达到更高的紫苏籽油得率，但它在减压后也会蒸发，省去了溶剂回收的步骤，而且抗氧化性较高，能更好地保证紫苏籽油的品质。应用压缩液化石油气和二氧化碳两种流体萃取紫苏籽油，在 0.5 MPa、20℃下提取紫苏籽油得率可达到 42.29%，萃取得到的油脂的抗氧化性较高。利用超声波辅助超临界二氧化碳萃取法提取紫苏籽油，在温度 41℃、压力 24 MPa、二氧化碳流量 20 L/h 的条件下，紫苏籽出油率最高达到 88.63%，但是此法机器成本太高且工艺复杂，不适合工厂大量生产。

7. 反胶束萃取技术

反胶束萃取技术是一种新型油脂分离技术。反胶束是分散在有机溶剂中的表面活性剂在非极性溶剂中形成的聚集体，热力学稳定的反胶束结构具有在反胶束核中溶解生物分子的能力。反胶束萃取技术具有不损失天然功能活性、界面张力低、易于放大以及可连续操作的优点。在反胶束有机相中选择性萃取生物分子是一种很有前途的技术，植物油脂可被其中的非极性溶剂所萃取，从而实现油脂和蛋白质的同步分离。反胶束萃取技术作为一种新型油脂分离技术目前还在发展当中。

（五）紫苏籽油中脂肪酸成分检测

紫苏籽油中脂肪酸成分检测有多种方法，分别是滴定法、比色法、气相色谱法、高效液相色谱法、近红外光谱法、气相色谱-质谱法、高效液相色谱-蒸发光散射检测法。紫苏籽油组成成分的分析方法主要采用气相色谱-质谱法。采用带紫外间接检测器的毛细管电泳得到按时间分布的电泳图谱，10 min 内可以分离出 10 种脂肪酸，该方法高效、快速、用量少、环境污染小。利用银离子薄层色谱和银离子液相色谱测定部分氢化植物油中的反式脂肪酸取得了很好的效果。采用核磁共振氢谱检测不饱和脂肪酸，利用亚麻酸的末端甲基基团较其他脂肪酸向低场位移动的特点，对其进行单独积分并定量。

1. 气相色谱法测定

紫苏籽油中脂肪酸成分检测最常用的方法是气相色谱法。气相色谱法具有优越的分离效果、分离速度，使其在脂肪酸的检测方面得到了广泛应用。采用气相色谱法分析是在较低的汽化温度下进行的，紫苏籽油在较低温度下不能汽化，需要将其转化成小分子的脂肪酸甲酯或脂肪酸乙酯的形式。由于使用的标准品一般是甲酯，首先要对紫苏籽油进行甲酯化，经过甲酯化处理后的样品再进行气相色谱分析，以便于同标准品进行对照，确定成分的含量。利用气相色谱法测定紫苏籽油的脂肪酸组成及含量，可参照《动植物油脂 脂肪酸甲酯的气相色谱分析》（ISO 5508—1990）进行。

（1）样品前处理。称取 20 μL 油样置于 10 mL 离心管中，加入 2 mL 苯 - 石油醚（1：1），油样溶解后，加入 1 mL 浓度为 0.4 mol/L 的氢氧化钠 - 甲醇溶液，混匀后静置反应 1 h 后，加入 2 mL 蒸馏水，再次振荡混匀，静置分层，取上清液过 0.45 μm 有机滤膜，进行气相色谱分析。

（2）气相色谱条件。Agilent DB-23 色谱柱（30 m×0. 25 mm×0. 25 μm），载气氮气，燃烧气氢气和空气，检测器和进样口温度均为 230℃；程序升温过程为柱温 130℃保持 1 min，以 5℃ /min 的速率升温至 185℃，以 10℃ /min 的速率升温至 220℃并保持 2 min，运行 2 min；采集时间 19.5 min，进样量 1 μL。采用面积归一化法定量。

（3）脂肪酸成分的检测结果。紫苏籽油不同样品间各脂肪酸检测含量存在差异。对国内外 132 份紫苏籽的营养成分进行检测，结果表明紫苏籽含油量为 20.24% ～ 53.71%，均值为 40.99%；脂肪酸成分中 α - 亚麻酸是紫苏籽油的特色营养成分，也是品质育种中主要关注的指标，含量为 39.10% ～ 73.06%；亚油酸及油酸次之，亚油酸含量为9.5%～14.4%、油酸含量为9.6%～20.8%、棕榈酸含量为5.1%～7.0%、硬脂酸含量为1.1%～2.3%。

2. 气相色谱-质谱法测定

气相色谱对样品进行分离，质谱确定样品中脂肪酸等各个化学成分。

（1）甲酯化。取紫苏籽油1 mL，加入正己烷4 mL，再加氢氧化钠-甲醇溶液（0.5 mol/L）2 mL，置水浴上70℃回流10 min，取出冷却并移至刻度试管中，加水至20 mL，振荡、超声、离心。取上述甲酯化的紫苏籽油样品0.3 μL，用气相色谱-质谱-计算机联用仪进行分析。

（2）气相色谱条件。色谱柱HP-5（30 m×0.25 mm×0.25 μm）弹性石英毛细管柱。程序升温过程为初始温度120℃，以20℃/min的速率升温至200℃，以2.5℃/min的速率升温至230℃，再以10℃/min的速率升温至270℃（保持2 min）；汽化温度290℃；进样量0.3 μL；载气（氦气）流量1 mL/min；分流比20∶1；溶剂延迟3 min。按面积归一化法进行定量分析。

（3）质谱条件。电子轰击离子源；离子源温度230℃；四极杆温度150℃；倍增器电压1341 V；电子能量70 eV；发射电流34.6 μA；接口温度230℃；质量扫描范围20～500 *m*/*z*。将所得质谱图与质谱图集的标准谱图进行对照、复合，再结合有关文献进行人工谱图解析，确定样品中脂肪酸等各个化学成分。通过数据处理，分别求得各化学成分的相对百分含量。

（六）紫苏籽油脂肪酸成分外的各指标检测

紫苏籽油除检测脂肪酸成分外，还应做如下检测。

1. 酸价的测定

酸价是衡量油脂抗氧化性能的重要指标之一。样品酸价的测定按《食品安全国家标准 食品中酸价的测定》（GB 5009.229—2016）执行。

2. 过氧化值的测定

样品过氧化值测定按《食品安全国家标准 食品中过氧化值的测定》（GB 5009.227—2016）执行。

3. 碘值的测定

参照《动植物油脂 碘值的测定》（GB/T 5532—2008）进行。

4. 色泽的测定

采用罗维朋比色法。

5. 茴香胺值的测定

茴香胺值可以表征油里面醛、酮、醌等二级产物的多少。在脱色过程中，油脂的过氧化物的二级产物很多，温度不足以使二级产物分解成更小的小分子，脱色油的茴香胺值最高；而在脱臭过程中，高温使二级产物分解，因此茴香胺值略低，成品油的茴香胺值低。茴香胺值检验原理为在醋酸溶液中，使油脂中的醛类化合物和*p*-茴香胺反应，然后在350 nm处测定其吸光度，由此得到*p*-茴香胺值。样品茴香胺值测定按《动植物油脂 茴香胺值的测定》（GB/T 24304—2009）执行。茴香胺试剂的配制：准确称取0.25 g *p*-茴香胺，先用冰醋酸在烧杯中溶解，洗涤，注入100 mL容量瓶中，定容。操作步骤：称取2.0 g油样于25 mL的容量瓶中，用异辛烷溶解并定容。准确称取5 mL油样于25 mL的比色管中，用移液管准确加入1 mL *p*-茴香胺试剂，并振摇，然后静置10 min。先以异辛烷溶剂作空白，测定油样溶液的吸光度。然后以5 mL异辛烷＋1 mL *p*-茴香胺试剂（静置10 min）作空白，测定油样溶液的吸光度。

6. 亲脂类醛酮化合物的测定

利用2,4-二硝基苯肼（DNPH）衍生化反应进行测定。称量0.1～1 g左右的氧化油脂样本，放入10 mL的具塞比色管中，加入2,4-二硝基苯肼（3 g/L）及盐酸（3%）的异丙醇混合液，振荡使之充分混匀。然后放入40℃的水浴振荡摇床衍生化反应1 h，取出冷却至室温，离心，将上层有颜色液体转移，氮气吹干，乙腈定容，待测定。

7. 2,4-二硝基苯肼衍生物的分离鉴定

用高效液相色谱-质谱联用仪测定，同时分离和鉴别衍生化后的样品中醛酮化合物的类别。色谱柱可采用安捷伦zorbax eclipse plus C18分析柱（250 mm×4.6 mm×5 μm）。柱温为室温，流速为1 mL/min，进

样量为 5 μL。流动相选择甲醇与水的混合液，梯度洗脱。洗脱程序：开始用 70% 的甲醇；15 min，75% 的甲醇；45 ～ 47 min，100% 的甲醇；47 ～ 50 min，70% 的甲醇。紫外波长为 360 nm。质谱条件选择负离子模式下收集数据。色谱峰的鉴别一方面对照标准品的出峰时间，另一方面根据质谱结果进行匹配分析最大可能的化合物种类。化合物的含量选择相对于己醛的含量进行分析计算。

（七）紫苏籽油中含有大量的必需脂肪酸

紫苏籽油中含有大量的人体必需脂肪酸 α - 亚麻酸和亚油酸，α - 亚麻酸是 ω -3 多不饱和脂肪酸的母体，亚油酸是 ω -6 多不饱和脂肪酸的母体。必需脂肪酸是指机体生命活动必不可少，但机体自身又不能合成，必须由食物供给的多不饱和脂肪酸。由于体内缺乏合成 ω -3 和 ω -6 多不饱和脂肪酸所必需的脂肪酸脱氢酶（去饱和酶），ω -3 和 ω -6 多不饱和脂肪酸只能从饮食中获得。如果能摄入这两种多不饱和脂肪酸母体化合物 α - 亚麻酸和亚油酸，就可以在人体内代谢出其他的 ω -3 系列和 ω -6 系列多不饱和脂肪酸，对人体正常机能和健康具有重要保护作用。

1. 紫苏籽油的 α - 亚麻酸含量在植物油中最高

α - 亚麻酸分子中有 18 个碳、3 个双键。α - 亚麻酸化学全称为全顺式 -9,12,15- 十八碳三烯酸。α - 亚麻酸从链尾甲基开始编号为 ω 体系编号（上）、从链头羧基开始编号为 Δ 体系编号（下），结构式如下：

1 3 4 6 7 9 10 12 16 18 COOH
18 17 14 11 8 4 1

紫苏籽油中含有大量的 α - 亚麻酸，在紫苏籽油中 α - 亚麻酸以甘油酯的形式存在，人体一旦缺乏，即会引起机体脂质代谢紊乱。从食物中摄取的 α - 亚麻酸进入人体后，在身体中 Δ^6- 脂肪酸脱氢酶作用下失去 2 个氢原子增加 1 个双键，在碳链延长酶的催化下，增加碳链中的碳原子。在脂肪酸脱氢酶和碳链延长酶的不断作用下，依次可转化为 ω -3

多不饱和脂肪酸中的EPA、DPA，以及构成人体脑细胞和视网膜的重要成分DHA。

2. α-亚麻酸在体内根据自身需要转化成EPA、DPA和DHA

由于海洋污染，深海鱼油易变质、提纯复杂和来源有限，限制了深海鱼油的使用。随着研究的深入，发现补充EPA和DHA可以通过α-亚麻酸。

在人体内一般情况下，有8%～20%的α-亚麻酸可转化为EPA，0.5%～9%的α-亚麻酸可转化为DHA，若体内有较高浓度的α-亚麻酸则有利于转化。当α-亚麻酸进入人体后，人体会根据自身的需要合理进行转化，只要α-亚麻酸的量充足，机体就可以不断用α-亚麻酸补充DHA。α-亚麻酸合成DHA的速率是大脑吸收DHA速率的3倍，这提示了虽然由α-亚麻酸合成的DHA的量有限，但在体内有足够的α-亚麻酸就有足够的DHA供应大脑的需要。有研究指出，当人体处于特殊时期时，α-亚麻酸的转化能力还会增强，如当女性处于妊娠期时转化率升高，这与雌激素的分泌有关，雌激素能提高α-亚麻酸转化为DHA的能力。已有实验表明，在身体缺乏DHA时，α-亚麻酸在肝脏中转化为DHA的速率加快，以维持大脑正常的需要；另外如果饮食中限制ω-6多不饱和脂肪酸的摄入量，还能使α-亚麻酸转化至DHA的转化率增加25%。摄入的α-亚麻酸的含量越高，由于需要同一系列的酶，与亚油酸等ω-6多不饱和脂肪酸代谢的竞争力就越强，转化成EPA和DHA的可能性和量就越大。值得注意的是，α-亚麻酸进入人体后依次转化为EPA和DHA的代谢过程是不可逆的，补充了过量的DHA不会反向生成EPA和α-亚麻酸。由于DHA的双键过多，易被氧化，过多服用会带来一些负面影响，如免疫力低下等，所以在一般情况下，补充足够的α-亚麻酸，要比直接补充EPA、DHA更全面、更安全和更科学。

3. 从α-亚麻酸代谢成ω-3系列多不饱和脂肪酸的合成途径

α-亚麻酸在脂肪酸脱氢酶和碳链延长酶的作用下的代谢途径如下：

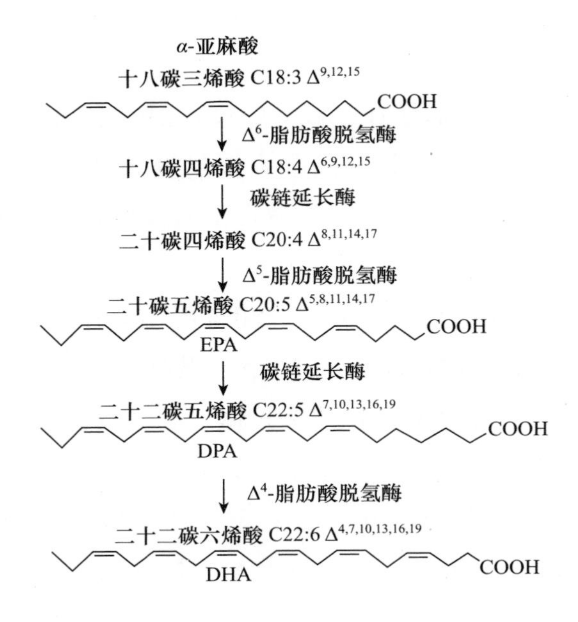

4. 紫苏籽油中含有相当数量的亚油酸

亚油酸学名为全顺式-9,12-十八碳二烯酸，是 ω-6 多不饱和脂肪酸的母体化合物，也是合成一类具有生物活性的类二十碳烷化合物的前体。亚油酸从链尾甲基开始编号为 ω 体系编号（上）、从链头羧基开始编号为 Δ 体系编号（下），结构式如下：

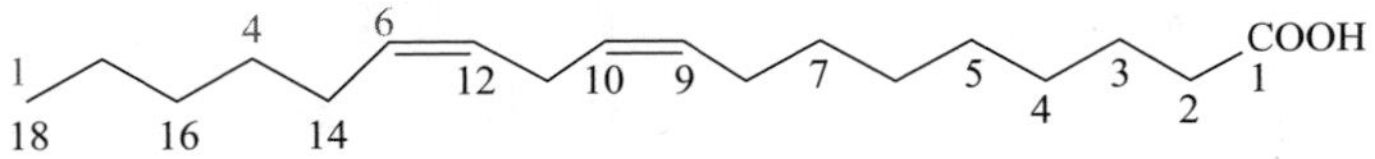

紫苏籽油也含有许多亚油酸。以亚油酸为母体化合物的 ω-6 多不饱和脂肪酸适量存在于人体内至关重要：亚油酸在人体内代谢生成的花生四烯酸可进一步产生前列腺素 E_2，是人体许多生命功能所必需的激素类化学物质；胆固醇必须与亚油酸相结合，才能正常运转和代谢；ω-6 多不饱和脂肪酸能协调激素水平，帮助舒缓经前不适；ω-6 多不饱和脂肪酸有益于皮脂腺的新陈代谢，舒缓皮肤过敏及湿疹症，预防皮肤干燥及缺水现象，保持皮肤健康；ω-6 多不饱和脂肪酸可帮助提升好的胆固醇水平，降低坏的胆固醇水平。亚油酸和 γ-亚麻酸可以通过甘油三酯、胆固醇由血液到肝脏的转移而降低血脂水平，但会导致脂肪肝的形成。亚油酸在体内可借助 Δ^6- 脂肪酸脱氢酶，转化成对人体有益处的 γ- 亚麻酸。若人体缺乏 Δ^6- 脂肪酸脱氢酶，就不能将亚油酸完全转化成有益的 γ- 亚麻酸。ω-6 多不饱和脂肪酸过多对人体会有负面作用，在对待炎症方面，花生四烯酸能促进炎症的发生，引起身体的“上火”；ω-6 多不饱和脂肪酸还能加速癌细胞的生长，ω-6 多不饱和脂肪酸过多的负面作用必须由 ω-3 多不饱和脂肪酸来抑制。一般情况下，为保持脂代谢平衡，ω-3 和 ω-6 多不饱和脂肪酸在体内的比例应为 1∶4。由于 ω-6 多不饱和脂肪酸的食物来源非常丰富，如在玉米油、大豆油等植物油中，猪肉、牛肉、羊肉等中，因此目前在一般情况下，膳食中很少会缺乏 ω-6 多不饱和脂肪酸，一般人并不容易缺乏 ω-6 多不饱和脂肪酸。

5. 紫苏籽油中含有益于人体健康的油酸

油酸是单不饱和脂肪酸。单不饱和脂肪酸是指碳链中只含有一个双键的脂肪酸，油酸是最常见的单不饱和脂肪酸。天然油酸一般均为顺式油酸，油酸的结构式如下：

18 16 14 12 10 9 7 5 3 COOH
1
4 2

油酸具有众多有益于人体健康的功效，如能降低机体甘油三酯和胆固醇的水平，降低低密度脂蛋白水平，提高高密度脂蛋白水平，可以预防动脉硬化。高水平的油酸通过降低胆固醇氧化敏感性来降低低密度脂蛋白水平，降低血液黏稠度，减少凝集而有效地保护血管内皮，在一定程度上防止心脑血管疾病的发生。油酸还具有调节血脂、防止记忆力下降等众多有益于人体健康的功效，并且还可与 ω-3 多不饱和脂肪酸发生协同作用而加强其功效。另外，油酸对血糖控制也具有一定影响，具有高含量的单不饱和脂肪酸和低碳水化合物的膳食可以改善某些糖尿病人的血糖，能有效改善患者糖脂代谢紊乱状态。

富含单不饱和脂肪酸的饮食被称为地中海饮食，与许多疾病的预防有关。食用油中油酸的含量以橄榄油最为丰富。目前，普遍认为顺式单不饱和脂肪酸对胆固醇有明显的降低作用，在降低胆固醇方面的能力与多不饱和脂肪酸相同。油酸是单不饱和脂肪酸的代表，其氧化稳定性比亚油酸高 10 倍多。2018 年，美国食品药品监督管理局发布的食品健康指南规定：允许油酸含量＞70% 的食用油在产品标签上标注“每天摄入 20 g 可降低心脑血管疾病发生风险”的字样。

（八）紫苏籽油中脂肪酸外的其他活性成分

紫苏籽油是我国重要的特色食用植物油，除含有不饱和脂肪酸外，还含有丰富的黄酮类化合物、多酚类化合物、类胡萝卜素、维生素 E、维生素 B_1、谷维素、植物甾醇、磷脂和微量元素，营养价值非常高，具有很强的保健功能。紫苏籽油的维生素 E 含量高于常见的花生油和菜籽油等。紫苏籽油中水分及挥发物含量较低，有利于长期稳定贮藏。经检测，紫苏籽油共含有 30 多种成分，主要的有 9 种，为 α - 亚麻酸、亚油酸、油酸、棕榈酸、硬脂酸、菜籽甾醇、β - 谷甾醇、环阿廷醇和 γ - 生育酚，其中 α - 亚麻酸、γ - 生育酚、菜籽甾醇是紫苏籽油的特征活性成分，不同产地的紫苏籽油活性成分差异较大。

1. 植物甾醇的组成及含量

植物甾醇是一种广泛存在于植物油中的天然醇类化合物，是大多数植物油的主要不皂化成分，一般是以游离态或与脂肪酸、糖类等结合的状态存在于大多数植物油中。植物甾醇具有降低血液胆固醇、抗肿瘤、抗炎、抗菌、抗溃疡等功效。紫苏籽油中含有丰富的植物甾醇，总甾醇含量为 67 ～ 94.4 mg/100 g，主要有 β - 谷甾醇、Δ5- 燕麦甾醇、菜籽甾醇及环阿尔廷醇。总甾醇含量最多的两个产地为江苏睢宁和河北保定，含量分别为 94.4 mg/100 g 和 90.5 mg/100 g。其中 β - 谷甾醇在植物甾醇中占比最高，达到 46.8 ～ 65.3 mg/100 g，含量最多的两个产地依次是黑龙江海伦和安徽亳州，含量均为 65.3 mg/100 g；Δ5- 燕麦甾醇含量为 7.1 ～ 13.1 mg/100 g，含量多的两个产地依次是江苏睢宁、甘肃庆阳，含量分别为 13.1 mg/100 g 和 10.8 mg/100 g；环阿廷醇含量为 6.0 ～

10.6 mg/100 g，含量最多的两个产地是江苏睢宁和黑龙江海伦，含量分别为 10.6 mg/100 g 和 9.9 mg/100 g；菜籽甾醇含量为 5.1 ～ 9.4 mg/100 g，含量最多的两个产地是河北保定和江苏睢宁，含量分别为 9.4 mg/100 g 和 9.2 mg/100 g；此外还有菜油甾醇 2.60 ～ 1.92 mg/100 g，豆甾醇 0.96 ～ 1.00 mg/100 g。采用超声波辅助法提取紫苏甾醇的最高得率为 260.4 mg/100 g。

紫苏籽油中的 β - 谷甾醇含量明显高于其他植物油。β - 谷甾醇能够抑制机体胆固醇升高，促进脂肪快速分解，有效清除活性氧，在调节肝脏疾病、肾脏疾病、心脑血管疾病和免疫性疾病等方面具有重要作用。非酒精性脂肪性肝病已成为慢性肝病最常见的病因，并威胁着全人类健康，目前还没有获得许可的非酒精性脂肪肝疗法。ω -3 多不饱和脂肪酸和植物甾醇酯联合应用可减轻非酒精性脂肪性肝病患者肝脏脂肪变性，提高治疗效果。紫苏籽油精炼的各个步骤中，脱酸对植物甾醇的含量影响最大，其次是脱胶和漂白，在精制时要给予关注。

植物甾醇的检测方法有化学特征反应鉴定法、薄层层析法、红外光谱法、酶法等，但这些方法均存在不足，鉴定能力低，对样品的纯度要求高。

（1）气相色谱法测定含量。植物甾醇的常用检测方法是气相色谱法，采用国家标准《动植物油脂 甾醇组成和甾醇总量的测定 气相色谱法》（GB/T 25223—2010）测定。气相色谱条件：色谱柱可采用 Agilent DB-5ht 毛细管柱（30 m×0. 32 mm×0.10 μm）；进样器温度 260℃；柱温 60℃，保持 1 min，然后以 40℃ /min 的速率升温到 310℃，保持 6 min；载气氦气，流速 2 mL/min；分流比 25∶1，分流流量 37.5 mL/min。

（2）气相色谱 - 质谱法测定含量和组成。准确称取 0.03 g 油样于 10 mL 皂化管中，依次加入 3 mL 氢氧化钾-95% 乙醇（2 mol/L）溶液和 150 μL 内标溶液（0.5 mg/mL 的 5 α - 胆甾醇），涡旋 30 s 后，在 90℃的恒温振荡器（220 r/min）中振荡反应 20 min 进行皂化，皂化后冷却，加入 2 mL 去离子水和 1.5 mL 正己烷，涡旋 5 min 后，5000 r/min 离心 10 min，取上清液，进行分析。

2. 生育酚的组成及含量

维生素 E 的水解产物由生育酚和生育三烯酚组成。生育酚主要以 α-生育酚、β-生育酚、γ-生育酚和 δ-生育酚 4 种同分异构体存在于自然界中，天然的维生素 E 以 α-生育酚、γ-生育酚为主，α-生育酚作为动物体内维生素 E 的主要存在形式，具有最强的抗氧化性，可减弱机体内产生的氧化应激作用，具有防癌活性。γ-生育酚在干预细胞癌变相关信号通路，抑制促癌基因表达方面起着重要作用，通过抑制肿瘤、促进肿瘤细胞凋亡等方式起着抗癌和防癌作用。紫苏籽油含有 α-生育酚、β-生育酚、γ-生育酚和 δ-生育酚，总生育酚含量为 63.4 mg～99.4 mg/100 g。其中 γ-生育酚在总生育酚中占比最高，含量为 61.2～96.4 mg/100 g，占总生育酚含量的 95% 左右；α-生育酚含量为 1.0～4.3 mg/100 g；β-生育酚含量较少；δ-生育酚为 2.059 mg/100 g。紫苏籽油在加速氧化过程中各种生育酚含量都逐渐减少。其中 α-生育酚在 7 天内就消耗完；δ-生育酚在加速氧化 21 天后，含量也下降到 0.658 mg/100 g，其后保持较低的稳定水平；γ-生育酚在氧化 28 天前快速下降，其后氧化速率缓慢，35 天时还含有 3.256 mg/100 g。这表明不同构型的维生素 E，其抗氧化能力显著不同。在精炼过程中紫苏籽油的总生育酚含量损失较低，为 5.4%，而漂白过程会导致 α-生育酚和 γ-生育酚的含量显著降低，要予以注意。

（1）生育酚常用的检测方法。检测方法主要有比色法、电化学法、色谱法、光谱法和色谱-质谱联用法等。气相色谱法是检测生育酚的常用方法，此方法柱效和灵敏度较高，分析速度快，但是在分离检测生育酚时需要衍生化，过程较为复杂。近年来，生育酚的检测方法中，液相色谱法由于检出限低、分离除杂效果好成为检测生育酚的主要方法；反相超高效液相色谱-电喷雾离子源-串联质谱法测定食品中的生育酚时灵敏度高于正相高效液相色谱-荧光检测器。测定生育酚的方法还有非水毛细管电泳法，此外，利用电化学分析法结合非线性的人工神经网络实现了对植物油中多种生育酚异构体的分离检测。

（2）高效液相色谱法测定生育酚含量。生育酚含量测定采用高效液相色谱法，方法参照《食用植物油中维生素 E 组分和含量的测定 高效液相色谱法》（NY/T 1598—2008）。样品前处理：准确称取 2 g（精确到 0.0001 g）油样溶于 25 mL 正已烷，混合均匀后，过 0.22 μm 滤膜，进高效液相色谱仪分析。条件：色谱柱可采用 SHIMADZU Inertsil SIL-100A（250 mm×4.6 mm×5 μm），流动相为异丙醇和正已烷（0.5：99.5，v/v），流速 1.0 mL/min，柱温 30℃。α - 生育酚的检测波长为 292 nm，β - 生育酚的检测波长为 296 nm，γ - 生育酚、δ - 生育酚的检测波长为 298 nm。将 4 种生育酚逐级稀释后进高效液相色谱仪，绘制生育酚浓度与峰面积的标准曲线。测试结果表明，紫苏籽油中生育酚含量最高的 3 个产地为安徽亳州、黑龙江海伦和江苏南京。

3. 酚类化合物的组成及含量

酚类化合物是由至少一个芳香环和一个羟基组成的一组分子，存在于所有植物油中。酚类化合物的结构具有多样性，可分为酚酸、类黄酮和木酚素等，对植物油中的多不饱和脂肪酸的氧化稳定性具有重要意义。紫苏籽油中的总酚类化合物含量一般能够达到 1109 mg/100 g，显著高于红花籽油（23.14 mg/100 g）、葡萄籽油（7.58 mg/100 g）、米糠油（5.63 mg/100 g）和玉米油（1.87 mg/100 g）。紫苏籽油中已鉴定的 11 种酚类化合物，包括香草酸（68.6 ng/g）、阿魏酸（55.7 ng/g）、芹菜素（43.3 ng/g）、咖啡酸（32.8 ng/g），还有对羟基乙醇、肉桂酸、3,4- 二羟基苯甲酸、对香豆酸、丁香酸、木犀草素、槲皮素，都是紫苏籽油中主要的营养成分。

紫苏籽油中的酚类化合物具有抗氧化、消炎、抗癌、抗菌、抗病毒等多种功效。酚类化合物对由过氧化作用而导致生物体结构和功能损伤的 DPPH 自由基、ABTS 自由基和羟基自由基等有显著的清除作用，还能与金属形成螯合物，是天然的抗氧化剂。酚类化合物还能够通过信号转导途径调控抑癌或致癌基因表达，具有抗癌的效果。酚类化合物进入结肠后可被肠道菌群利用，同时这些化合物及其代谢产物也将反作用于肠道菌群，改变菌群的组成比例。

4. 黄酮类化合物

黄酮类化合物广泛存在于自然界中，属于植物在长期自然选择过程中产生的次级代谢产物。黄酮类化合物可以分为10多个类别：黄酮、黄烷醇、异黄酮、双氢黄酮醇、黄烷酮、花色素、查耳酮、色原酮等。不同紫苏籽中总黄酮的数量差异性较大。

5. 微量元素

对紫苏籽油的矿质元素进行了分析，其含有丰富的铁、镁、锰。微量元素在我们人体中发挥非常重要的功能，即使在低剂量下也能发挥生化功能和基本酶系统的作用。

（九）紫苏籽油的分类

根据紫苏籽油的成分，可以将19个产地的紫苏籽油分成6类：甘肃礼县、甘肃天水和甘肃庆阳为第一类，油酸含量最高，亚油酸含量较低，β-谷甾醇和 γ-生育酚含量最低；辽宁丹东、安徽淮北和黑龙江桦南为第二类，油酸和亚油酸含量较低，α-亚麻酸含量较高；江苏睢宁、河北保定、江西丰城和江苏如皋为第三类，各种活性成分含量比较接近；山西晋中、湖北襄阳、黑龙江齐齐哈尔、吉林延吉和吉林长白山为第四类；黑龙江海伦、江苏南京和安徽亳州为第五类，油酸含量最低，α-亚麻酸、β-谷甾醇和 γ-生育酚含量最高，具有较高营养价值；吉林老爷岭为第六类。

（十）紫苏籽油的生物学功能

紫苏籽油中它的食用和药用价值主要来自丰富的多不饱和脂肪酸、单不饱和脂肪酸、植物甾醇、生育酚、酚类化合物。紫苏籽油的体外和体内生物活性研究都已证明其具有保健和防病的功能。紫苏籽油中铬、砷、镉、汞、铅的含量极低，不会对人体造成伤害。相较鱼油来说，紫苏籽油是更为合适的 ω-3 多不饱和脂肪酸的补充来源。除此之外，关于紫苏籽油的开发在很多领域有了新的突破，考虑研发转基因紫苏，使其产生更接近鱼油油脂的成分，更好地成为鱼油的替代品，可作为改善饮食诱导的代谢综合征的首选油。

1. 降血脂

高脂血症是指血脂水平过高，可直接引起一些严重危害人体健康的疾病，用紫苏籽油饮食饲喂雄性大鼠，发现富含丙氨酸的紫苏籽油能有效降低餐后血脂水平，降低患心脑血管疾病的风险。紫苏籽油可以通过促进含脂蛋白的载脂蛋白 B-100 的细胞内分解代谢，抑制肝脏载脂蛋白 B 的产生，通过脂蛋白脂酶刺激血浆甘油三酯的清除，降低低密度脂蛋白。高胆固醇血症会导致肝脏和肾脏脂质堆积，导致脂质过氧化。紫苏籽油能够使小鼠血液中低密度脂蛋白胆固醇水平显著下降，饲喂紫苏籽油的小鼠血液中 EPA 含量［（245.03±62.04）μmol/L］明显高于对照组［（26.49±8.76）μmol/L］，这表明紫苏籽油能够降低小鼠罹患心脑血管疾病的风险。采用不同配比的红花籽油和紫苏籽油对大、小鼠进行分组实验，发现二者的不同配比对血脂均有不同程度的降低，在 2.59∶1 这组配比中降血脂作用最明显。通过动物实验研究了紫苏籽油软胶囊的辅助降血脂功能，紫苏籽油软胶囊可显著降低实验大鼠血清总胆固醇、甘油三酯含量，具有辅助降血脂功能。紫苏籽油可抑制小鼠动脉斑块形成，有助于维持其正常心脏结构和功能。

2. 抗血栓

紫苏籽油可显著抑制胶原蛋白和凝血酶诱导的血小板聚集，抑制 $FeCl_3$ 诱导的内皮损伤模型中血栓的形成。在体内外表现出良好的抗血小板聚集和抗血栓活性，可作为出血性中风高危的高血压患者改善血流的首选药物。需要注意的是，紫苏籽油和香豆素类抗凝剂华法林二者都有抗血栓的作用，不宜同时使用，否则会增加患者的出血风险。

3. 抗动脉粥样硬化

由动脉粥样硬化引起的冠心病、脑卒中等心脑血管疾病的发病率和死亡率近年明显上升。防治动脉粥样硬化的药物目前可分为调血脂药和多烯脂肪酸两大类。血脂包括胆固醇、甘油三酯、磷脂和游离脂肪酸等，其中总胆固醇和甘油三酯水平增高是导致动脉粥样硬化的危险指标。研究表明，ω-3 多不饱和脂肪酸对动脉粥样硬化和心脑血管疾病有积极影响。紫苏籽油作为一种低 ω-6/ω-3 多不饱和脂肪酸比值的油脂不仅可以减轻高胆固醇血症和动脉粥样硬化，而且还可以减少肝和肾组织中的脂肪积聚与脂质过氧化。

4. 改善记忆和学习能力

现代膳食中多以饱和脂肪酸和碳水化合物为主，缺乏不饱和脂肪酸的摄入。在膳食中补充 ω-3 多不饱和脂肪酸可以改善记忆和学习能力，还能影响大脑中的基因表达。紫苏籽油含有丰富的 α-亚麻酸，能提高记忆能力，具有对抗中枢神经系统兴奋剂和中枢神经系统抑制剂的作用。紫苏籽油对记忆功能障碍有保护作用，可增加海马组中突触小泡的密度。

5. 改善视觉功能

眼干燥症是最常见的眼病之一，通常会导致功能性视力下降，并导致阅读、计算机使用、夜间驾驶等专业工作方面的问题。眼干燥症目前没有彻底医治的治疗方案，只能靠人工泪液来缓解症状。研究表明，ω-3 多不饱和脂肪酸是眼表动态平衡所必需的脂肪酸，可以阻止眼干燥症患者泪腺和唾液腺神经递质释放的炎症因子的基因转录，从而缓解眼干燥症的症状。用紫苏籽油替代日常食用油，在饮食方面进行控制，治疗前后患者的总胆固醇和甘油三酯的总体水平分别由（6.13±2.22）mmol/L 和（1.72±0.58）mmol/L 下降至（4.08±1.39）mmol/L 和（1.02±0.47）mmol/L，从而使睑板腺的饱和性下降，对眼干燥症有较好的治疗效果。

6. 抗阿尔茨海默病

阿尔茨海默病是一种神经退行性脑部疾病。大脑主要是由脂质组成的，较身体其他部位更易受氧化应激的影响，而氧化应激在神经退行性级联反应中起主要作用，诱导的神经元细胞死亡导致脑组织和脑血管中β-淀粉样蛋白沉积，从而形成了阿尔茨海默病的不可逆机制。而紫苏籽油中含有丰富的抗氧化物质，如α-亚麻酸等，因此具有显著的抗氧化性，在临床研究中显示出对阿尔茨海默病的神经保护作用。在患者进行双盲随机对照实验时，加入紫苏籽油或安慰剂到6个月的常规治疗中，结果显示两组之间的认知功能没有显著差异。紫苏籽油可明显降低脑及肝中丙二醛的含量，还可显著提高红细胞中超氧化物歧化酶的活性以及衰老小鼠脑部的还原型谷胱甘肽的含量，具有提高脑功能和增强学习记忆力的作用。紫苏籽油具有神经保护作用，对于轻中度阿尔茨海默病患者的标准治疗是可行和安全的。

7. 抗菌消炎

金黄色葡萄球菌是一种革兰氏阳性病原体，也是重要的食源性病原体，可引起葡萄球菌性胃肠炎、肺炎、心内膜炎和外毒素综合征等疾病。紫苏籽油既能抑制金黄色葡萄球菌的生长，又能抑制外毒素，特别是葡萄球菌肠毒素的产生，最低抑菌浓度在0.2～0.8 μL/mL。乳链菌肽和紫苏籽油联合使用可以有效地控制单核细胞增多性李斯特菌和金黄色葡萄球菌的生长，有明显的杀菌作用。因此紫苏籽油是一种潜在的抗菌药物，对其他细菌感染的潜在疗效值得进一步研究。

紫苏籽油通过抑制炎症因子的产生而显示出抗炎的潜力。紫苏籽油的给药可能通过减少炎症因子及T细胞分泌的细胞因子分泌到局部肺和气道脂质组织中来减轻支气管肺泡炎症。紫苏籽油通过减少炎症因子、改善肠屏障保护等减少炎症基因的表达，从而减轻高脂饮食诱导的结肠炎症。

8. 抗抑郁

抑郁症是一种精神类综合心理疾病，终生患病率在10%～15%。近年来随着社会压力的增大，患病人数逐年呈上升趋势，仅仅通过药物治疗效果并不尽如人意。我国古代《金匮要略》中记载的汤剂“半夏厚朴汤”中包含紫苏这味中药，有治疗情志不遂、肝气郁结的功效，这与现代抑郁症的症状十分相似。现代研究发现，精神障碍患者的抑郁和焦虑可能与 ω-3 多不饱和脂肪酸缺乏有关，日常生活摄入含有丰富的 ω-3 多不饱和脂肪酸的食品可以预防或减少抑郁症的发生。有资料显示，在标准的抗抑郁药中加入 ω-3 多不饱和脂肪酸能提高药物的有效性，且无临床相关的副作用。通过对成年雄性大鼠进行强迫游泳实验发现，紫苏籽油可以通过调节大鼠脑内脂肪酸的分布和前额叶中脑源性神经营养因子的表达来改善大鼠的类抑郁行为。采用紫苏籽油给药增加了成年受试者血液中 α- 亚麻酸和 EPA 水平，使成年人的精神健康问题得到缓解，并且没有任何明显的临床副作用。另外也有相关研究表明，ω-3 多不饱和脂肪酸对儿童抑郁症的治疗效果十分显著，对老年人轻度和中度抑郁症也有着较好的治疗效果。

9. 抗肿瘤

ω-3 多不饱和脂肪酸被认为是癌症化学预防的候选饮食因素。对患有乳腺癌的患者进行饮食干预，改变其摄入的 ω-3 和 ω-6 多不饱和脂肪酸的比例，可以影响肿瘤的生长。早在 1990 年就发现富含 α- 亚麻酸的紫苏籽油可抑制乳腺、结肠和肾脏肿瘤的发生。在苯丙氨酸诱导的大鼠乳腺癌模型中，采用富含共轭亚油酸的红花油和富含 α- 亚麻酸的紫苏籽油联用后乳腺癌细胞的增殖细胞核抗原阳性细胞数明显降低，乳腺癌的最终发病率显著降低。紫苏籽油还可以提高化疗的疗效和耐受性，对癌症的治疗有一定的辅助作用。对紫苏籽蛋白进行酶解，得到其中抗氧化性较强的组分（PSP3c），当其浓度达 100 μg/mL 时，人肝癌细胞抑制率可达 90% 以上。α- 亚麻酸能够抑制白血病 U937 细胞增殖，其机制是 α- 亚麻酸作用于白血病 U937 细胞引起的细胞信号转导综合作用，Bcl-2 家族蛋白的表达发生改变，导致白血病 U937 细胞凋亡。

（十一）紫苏籽油递送系统

紫苏籽油具有降血脂、抗氧化、抗菌消炎等许多优点，但是紫苏籽油在外界环境压力下会受到空气、光照和高温的影响，容易氧化、异构化和聚合，以及在加工、储存或消化过程中会发生化学降解，这些因素严重限制了紫苏籽油在食品医药方面的应用，未能完全实现其潜在的健康益处。为此有必要使用食品级递送系统以封装和保护紫苏籽油，可以采用多种绿色包埋技术，通过不同的递送系统将紫苏籽油输送到人体，发挥其营养保健和药物治疗的作用。目前常用的药物递送载体主要有纳米乳剂、脂质体、胶束、树状大分子、蛋白质和其他固体脂质颗粒等。

1. 紫苏籽油纳米乳剂

纳米乳剂递送系统有良好的稳定性，可提高紫苏籽油的生物利用度，让人体更容易吸收。纳米乳剂是由水、油、表面活性剂和助表面活性剂等自发形成，粒径为 1 ～ 100 nm，是热力学稳定、各向同性、透明或半透明的均相分散体系。一般来说，纳米乳剂分为三种类型，即水包油型（O/W）、油包水型（W/O）以及双连续型（B.C.）。以氢化蓖麻油聚氧乙烯醚 -40 和司盘 80 为表面活性剂制备的紫苏籽油纳米乳剂具有良好的稳定性，通过抗炎和抗菌实验发现，其对炎症有明显的抑制作用，对大肠杆菌、肠炎沙门氏菌和托拉氏假单胞菌的生长均有抑制作用，对金黄色葡萄球菌和托拉氏假单胞菌有抑制作用且抑制区大于 10 mm，与此同时小鼠的心、肝、脾、肾等脏器的病理变化无明显差异。纳米乳剂递送系统可以增加紫苏籽油与小肠绒毛上皮细胞的接触面积，从而提高紫苏籽油的生物利用度及其相应的抗炎作用。虽然紫苏籽油和紫苏籽油纳米乳剂都有抗炎作用，但紫苏籽油纳米乳剂的抗炎活性高于未乳化的紫苏籽油，这是因为紫苏籽油纳米乳剂的生物利用度更高，假使直接给药，未乳化的紫苏籽油也不能被人体完全吸收，无法实现紫苏籽油的生物价值。

2. 紫苏籽油脂质体

脂质体是直径为 0.01 ～ 5.0 μm 的胶体载体，可以包裹亲水性和疏水性的治疗药物，抗癌药物、疫苗、抗菌剂、蛋白质和大分子都可以被包裹并将它们靶向体内所需的病变部位。脂质体天然无毒，具有可生物降解性，不刺激免疫系统。采用加热法以壳聚糖、水杨酸和糖蛋白为交联剂对紫苏籽油进行包埋，得到的紫苏籽油纳米脂质体具有令人满意的尺寸范围（200 ～ 502 nm）和包封率（82% ～ 91%），提高了紫苏籽油的物理稳定性和氧化稳定性。实验证明，载有阿霉素的紫苏籽油脂质体能够诱导乳腺肿瘤程序性细胞死亡，具有增强的乳腺癌治疗潜力，可以用作安全有效的递送系统。

3. 紫苏籽油微胶囊

微胶囊技术是指将一些具有敏感性、反应活性或挥发性的液体、固体或气体作为微胶囊的芯材，采用成膜材料将其包封成微小粒子，从而达到保护、缓释等效果。紫苏籽油微胶囊是将油脂包裹起来使液体油脂转化为稳定的固体粉末，便于储存及运输，还可以作为食品添加剂广泛应用于各类食品中。微囊化可以定义为在芯材和壁材之间建立功能性屏障以避免化学和物理反应，并保持芯材的生物学功能和物理化学性质的过程，可以提高油脂的氧化稳定性、热稳定性和生物活性。传统微胶囊制备方法可分为物理法、化学法、物理化学法，其中物理法主要有喷雾干燥法、喷雾冷却法、空气悬浮法和挤压法等，化学法包括界面聚合法、原位聚合法、锐孔法等，物理化学法则有凝聚法、相分离法等。近年来，微胶囊技术得到进一步开发，超临界流体技术、多流体复合电喷技术、自组装技术、多种微胶囊方法复合技术等新技术也被应用于微胶囊的制备。微胶囊的壁材应无毒、可降解、经济，其主要包括蛋白质、多糖和胶类三大类。蛋白质同时带有亲水和疏水基团，具有良好的乳化作用，一定浓度蛋白质起到的乳化性可以提高包封率；多糖虽无乳化作用，但具有良好的成膜性，可形成质密的玻璃体，对芯材起到良好的包封作用，有助于提高包封率；胶类在微胶囊化干燥的过程中可在液滴表面形成薄膜，具有良好的成膜性，有助于微胶囊颗粒的产生，但含量过高时会增加液体的黏度。

4. 紫苏籽油微乳液

微乳液是油、水在表面活性剂和助表面活性剂的存在下自发形成的粒径在 10 ～ 100 nm 的透明或半透明的均一、稳定体系。其不仅可以将油溶性营养成分溶解于水溶性的食品中，还能保护功能营养因子不被损坏，具有制备工艺简单、体系稳定的特点。将紫苏籽油添加乳化剂后制成微乳液，达到了增强紫苏籽油的水溶性和稳定性、延长其保质期、提高其在人体中的生物利用度的作用。以吐温 -80 作为表面活性剂，水杨酸作为助表面活性剂，制备紫苏籽油的微乳液体系，有效促进了紫苏籽油微乳液功能性食品制剂的开发和应用。目前市场上紫苏籽油微乳液产品相对较少，需要在提升质量的同时，加大产品推广宣传力度。

5. 紫苏籽油粉末制备工艺

食用紫苏籽油在市场上一般以液体油形态的产品出现，另外有少量制成软胶囊的形式直接口服使用。这两种食用形式都存在携带不方便、产品应用范围比较窄、产品难以长期保存的问题。液体状态的紫苏籽油需要避氧、避光、低温保藏，否则将难以防止其中有效成分 α - 亚麻酸的氧化损失；而制成软胶囊形式，虽然可以使油与空气隔绝，但是只能直接口服，不利于添加到其他食品中去，缺乏应用的广泛性，而且对温度比较敏感，当温度在 40℃左右时便会出现漏油现象，不能很好地保证品质。如果将紫苏籽油制成粉末状，把油相包裹在一系列的壁材中间以保护油的品质，这样既可以满足紫苏籽油不被氧化，又方便添加到各类食品中去。采用乳化法和喷雾干燥法相结合的方法制备紫苏籽油粉末，具有较高的包封率，在扫描电镜下观察颗粒光滑圆整、结构致密、粒径均匀、无裂纹和凹陷、破损较少。

以脱皮、低温压榨紫苏籽油为原料，采用乳化法和喷雾干燥法相结合的方法制备紫苏籽油粉末，确定的最佳制备工艺条件为：壁材大豆分离蛋白与麦芽糖糊精的比例 1 : 1.2，乳化温度 70℃，固形物含量 25%，芯材与壁材比 40∶100；均质压力 50 MPa，均质 2 次；喷雾干燥进风温度 168℃，出风温度 85℃。该条件下制备的紫苏籽油粉末微胶囊化效率达 95%，表面油含量为 1% 左右。制得的产品具有较高的微胶囊化效率和较低的表面油含量。产品为乳白色细微粉末，具有清淡的紫苏籽油风味，水溶性良好。

CN200810046897.6 公布了一种紫苏籽油粉末的制备方法，包括以下步骤：将蛋白质与多组合成的壁材水溶液的一部分加入紫苏籽油中形成 W/O 型乳状液；使上述 W/O 型乳状液转相成为 O/W 型乳状液；使上述 O/W 型乳状液与壁材水溶液的剩余部分形成乳化液；调节乳化液的 pH 使壁材中的蛋白质凝聚，之后经喷雾干燥处理制成紫苏籽油粉末。由此方法得到的紫苏籽油粉末具有低的表面油含量和高的包封率。产品主要应用于婴幼儿配方奶粉、中老年配方奶粉、配方食品、孕产妇食品及其他功能食品。

6. 紫苏籽油软胶囊

软胶囊又称胶丸，属于胶囊剂的一种包装方式，它是将液体药物或固体药物密封于软质囊材中而制成的一种胶囊剂。软质囊材是由胶囊用明胶、甘油或其他适宜的药用辅料单独或混合制成。CN201410791031.3 报道了一种含紫苏籽油的 DHA 藻油软胶囊及其制备方法。DHA 藻油、紫苏籽油均具有良好的降血脂、降血压等保健功能。根据 DHA 藻油和紫苏籽油的各自特性，将 DHA 藻油和紫苏籽油进行科学配制，使二者相辅相成，以发挥出更大的降血脂、降血压增效作用。胶囊内容物为 DHA 藻油和紫苏籽油，两种组分的最佳质量比为 DHA 藻油∶紫苏籽油 =5∶1。软质囊材的三种组分的最佳质量比为明胶∶甘油∶纯化水 =45∶18∶37。含紫苏籽油的 DHA 藻油软胶囊的制备方法包括以下步骤：按配方量将明胶、甘油、纯化水加入夹层配料罐中搅拌，蒸汽夹层加热至 80 ～ 90℃，使其完全溶化，保温 1 ～ 2 h，静置待泡沫上浮后，保温过滤，成为囊材胶液备用；配制内容物混合油脂，按配方量将 DHA 藻油、紫苏籽油加入夹层油罐中搅拌，热水夹层加热至 50 ～ 60℃，使其完全溶化，保温 20 ～ 30 min，静置备用；制丸，将制备好的囊材胶液和内容物混合油脂，以滴制或压制的工艺方法制成软胶囊。软胶囊对 DHA 藻油和紫苏籽油的混合内容物进行包裹，其有益效果是：有效保护 DHA、α-亚麻酸等多不饱和脂肪酸活性成分，增强其抗氧化性，使其在储藏期间免受外界不良因素干扰，提高其贮存的稳定性；可达到控制释放的目的；掩蔽原料中存在的少许不良味道，感官上更易为消费者所接受。DHA 藻油属于新资源食品原料，而紫苏籽油中富含的 α-亚麻酸是 DHA 的前体，把 DHA 藻油和紫苏籽油进行科学配比，克服了单一产品降血脂、降血压的缺陷，优势互补，更能发挥其协同增效作用。

CN201310140278.4 公布了一种紫苏复合胶囊及其制备方法。紫苏复合胶囊由紫苏籽油、枸杞籽油、枸杞多糖、金樱子多糖组成。紫苏复合胶囊的制备方法如下：干枸杞籽和干紫苏籽分别进行冷榨、过滤、低温离心，过滤得滤液为枸杞籽油和紫苏籽油；干金樱子和干枸杞籽研磨后，依次进行微波萃取、超声萃取提取，得到金樱子多糖和枸杞多糖；将各组分按比例混合均匀制成胶囊。

7. 紫苏籽油微球

CN201410189879.9 提供了一种紫苏籽油微球及其制备方法，该法制备的紫苏籽油微球提高了紫苏籽油的稳定性，增加了紫苏籽油的生物利用度。采用该方法制备的紫苏籽油微球粒径小、表面光滑、包埋良好。紫苏籽油微球制备的具体方法如下：在室温下分别用乙酸溶液（1%）配制 pH 为 4 的酸法明胶（A 型）均匀溶液（0.05%）和 pH 为 4 的羟丙基二淀粉磷酸酯溶液（0.5%）备用；在一定体积的紫苏籽油中搅拌加入聚甘油脂肪酸酯（0.025%），50℃水浴中搅动 30 min，逐滴加到配好的明胶溶液中（紫苏籽油与明胶的比例为 1∶1，v/w），搅动 30 min 并在 1500 r/min 转速下剪切均匀，得到均一的乳状液；向乳状液中加入配好的羟丙基二淀粉磷酸酯溶液，搅拌 20 min，然后静置 4 h，25℃下 10000 r/min 离心 10 min，收集形成的湿粒子，得到的湿粒子分散于蒸馏水中；然后在室温、负压下干燥，在 25℃干燥条件下保存。该微球的芯材为紫苏籽油，包裹物为明胶。

（十二）紫苏籽油的应用及前景

紫苏籽油是一种新型的小品种食用植物油，其中富含的 α- 亚麻酸等 ω-3 多不饱和脂肪酸对人体具有重要的功效。

1. 作为保健医疗用品

紫苏籽油的体外和体内生物活性已被证明具有潜在益处，且铬、砷、镉、汞、铅的含量极低，不会对人体造成伤害。相较鱼油来说，紫苏籽油是更为合适的 ω-3 多不饱和脂肪酸的补充来源。

2. 在养猪和养虾中的应用

通过研究多不饱和脂肪酸对生长猪脂肪组织、脂肪组成和脂合成酶活性的影响，结果表明多不饱和脂肪酸可以提高激素敏感脂肪酶的相对表达量，提高猪肉品质和猪的生长性能。此外，研究表明 ω-3 多不饱和脂肪酸对南美白对虾幼虾的生长、脂肪酸组成、血液学特性和肝胰腺组织学的调节能力有明显影响。

3. 在工业上的应用

紫苏籽油除食用外，还可制备多种紫苏系列化妆品。由于紫苏籽油中不饱和脂肪酸含量高，易挥发、易干燥，常用于制造清漆、油漆和油布，也可用于制造阿立夫油、高级润滑油、油墨、涂料、肥皂、人造革等。此外，紫苏籽油中含有的亚油酸及其衍生物等具有防止皲裂和皮肤干燥以及预防衰老等作用，可作为各种功能性化妆品的配制原料。还有研究指出，紫苏籽油可制成植物油燃料，用于新能源的开发。紫苏籽中含有的功能性成分迷迭香酸和黄酮类化合物，具有较强的抑菌和抗氧化作用，因此有报道指出紫苏籽提取物可以作为一种高效、低毒、广谱抑菌和经济实用的天然防腐剂。

4. 其他应用

紫苏籽油中的紫苏醛的肟类化合物比蔗糖甜 2000 倍，可以作为食品和饮料的调味剂，在日本将其作为人工甜味剂。紫苏籽油也可用于香水及其他化妆品行业中。

第四章

用紫苏籽油制备α-亚麻酸和α-亚麻酸乙酯

药品和保健品中有效成分含量的高低、杂质含量的多少，对其生物活性十分重要。进一步提高紫苏籽油中α-亚麻酸的含量就可以减少紫苏籽油中饱和脂肪酸等杂质可能对身体的副作用，提高其保健治疗作用。医疗保健产品要求主要成分含量越高越好，由于紫苏籽油中α-亚麻酸含量是植物油中最高的，制备高含量的α-亚麻酸产品最常用的原料是紫苏籽油。

（一）进一步提高紫苏籽油中α-亚麻酸的含量

紫苏籽油的化学本质是一种混合脂肪酸的甘油三酯，饱和脂肪酸、单不饱和脂肪酸和多不饱和脂肪酸共存在于一个甘油三酯分子中，饱和脂肪酸等的存在会降低 α- 亚麻酸的功效。大量使用紫苏籽油的少数人群中已发现有升高血脂、升高血压的现象，服用多了仍会提高体内甘油三酯的水平。为补充高含量的 α- 亚麻酸，就必须尽量除掉紫苏籽油中与甘油相连的饱和脂肪酸等杂质，而只有把各种脂肪酸分开后才可以用物理方法将它们除掉。利用紫苏籽油与乙醇的酯交换反应去除甘油，制备成各种脂肪酸的乙酯，再分别提纯可得到高含量的 α- 亚麻酸乙酯。由于 α- 亚麻酸乙酯与 α- 亚麻酸具有同样的生理作用，且更加稳定，对肠胃没有刺激性，现在市面上出售的 α- 亚麻酸保健品，绝大部分都是 α- 亚麻酸乙酯而不是自称的 α- 亚麻酸，这些高含量的 α- 亚麻酸乙酯大部分是由紫苏籽油制备的。

1. α-亚麻酸乙酯产品

现在市售的 α- 亚麻酸乙酯保健品实测含量均在 65% 以上，只有高含量的 α- 亚麻酸才有较好的保健和医疗效能，否则只能作为营养食品，若杂质多还不能过多服用。因此，服用高含量 α- 亚麻酸乙酯的医疗保健作用优于服用紫苏籽油和亚麻籽油，而且服用过多对人体没有副作用。广西食品药品检验所吴超权等人在《食品与药品》刊物 2020 年第 1 期发表了 α- 亚麻酸乙酯（75%）的急性毒性和遗传毒性研究，对含量为 75% 的 α- 亚麻酸乙酯产品进行了小鼠急性毒性实验（最大耐受量实验）、遗传毒性实验。结果显示，α- 亚麻酸乙酯最大耐受量大于每千克体重 17.62 g，属于无毒级物质，也未见有遗传毒性作用。其他低于 75% 的 α- 亚麻酸乙酯产品由于要口服也需要做毒理实验，验证急性和慢性毒性、遗传毒性及可能有的副作用，以保证食用的安全性。

2. 大量服用低含量的α-亚麻酸产品可能会有副作用

α- 亚麻酸产品中含量高的杂质必须搞清楚是什么东西，有没有危害。为此应当对产品中量大的杂质成分进行鉴定，确定成分，做毒理、病理实验。已发现有的杂质的生理作用与 α- 亚麻酸相反，有的会导致 α- 亚麻酸氧化，产生过氧化物等有害、有毒物质。

3. 高含量α-亚麻酸有利于α-亚麻酸向EPA和DHA的转化

α-亚麻酸转化成EPA和DHA与其含量和添加量有很大的关系。因为α-亚麻酸转化成EPA和DHA的过程中需要两种酶，在体内的亚油酸转化成花生四烯酸等也需要这两种酶。α-亚麻酸的含量越高，与亚油酸等ω-6多不饱和脂肪酸竞争这些酶的能力就越强，转化成EPA和DHA的可能性和量就越大。α-亚麻酸转化成EPA和DHA还受到肝脏或者人类细胞中相关基因表达的调控。这些基因是与转化过程中所必需的碳链延长酶和脂肪酸脱氢酶生成有关的基因。含量高的α-亚麻酸有利于这些基因表达上调，使α-亚麻酸向EPA和DHA的转化作用加强，转化量增加。服用高含量α-亚麻酸可以有效提高体内α-亚麻酸水平，进而提高EPA和DHA的水平。α-亚麻酸向EPA和DHA的转化还会随时间而积累，因此长期补充高含量的α-亚麻酸对于提高体内α-亚麻酸和EPA水平、维持体内DHA平衡具有重要意义。

（二）α-亚麻酸乙酯

α-亚麻酸乙酯是亚麻酸和乙醇酯化失水后的化合物，与α-亚麻酸有同样的生理功能。由于α-亚麻酸具有很强的还原性，容易被氧化，有游离的羧基而具有一定的酸性，会带来一些刺激性，稳定性也不好；而α-亚麻酸乙酯为中性化合物，α-亚麻酸的活泼羧基被乙基保护，稳定性强，无毒副作用，更易被人体吸收，作为保健食品将α-亚麻酸转化为乙酯形式更为稳妥。

1. α-亚麻酸乙酯的理化性质

α-亚麻酸乙酯常温下为液体，可溶于甲醇、乙醇、二甲基亚砜等有机溶剂，分子式为$C_{20}H_{34}O_2$，相对分子质量为306.48，沸点为166～168℃（133.322 Pa），密度为0.892 g/mL（25℃），折射率n_D^{20}为1.468，闪点为113℃，储存条件为－20℃。α-亚麻酸乙酯的化学结构式如下：

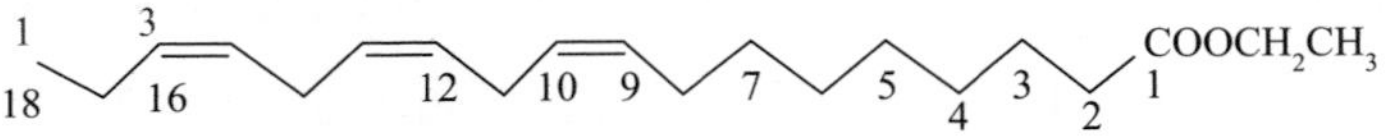

1 3 $COOCH_2CH_3$
18 16 12 10 9 7 5 4 3 2 1

2. α-亚麻酸乙酯比α-亚麻酸更稳定

由于 α-亚麻酸乙酯的抗氧化性大于 α-亚麻酸，α-亚麻酸乙酯比单纯的 α-亚麻酸更利于保存和运输。国内对 α-亚麻酸的纯化研究从20世纪90年代开始，偏向于使用紫苏籽油为原料，至今已有多家实现了工业化。高含量的 α-亚麻酸乙酯产品，不但可以做保健品，有的还获得国家药品监督管理局的批准文号，如我国2001年批准的蛹油 α-亚麻酸乙酯。该项目制备工艺为：先将蛹油毛油酯化，再进行脱胶处理，然后用混合溶剂进行分步包合，最后用专有的真空旋片挥发釜进行真空精馏，有效地进行了 α-亚麻酸的分离，并防止 α-亚麻酸氧化。产品色泽透亮、气味清淡，制成的蛹油 α-亚麻酸乙酯胶丸已获得国家药品监督管理局批准，作为治疗药品上市销售。

3. 用紫苏籽油制备α-亚麻酸乙酯

制备提纯高含量的 α-亚麻酸乙酯需要两个过程：先将紫苏籽油通过酯交换反应生成混合脂肪酸乙酯，再将混合脂肪酸乙酯进行分离提纯得到高含量的 α-亚麻酸乙酯。

（1）紫苏籽油与乙醇的酯交换反应。以紫苏籽油为原料，在催化剂的条件下，与乙醇进行酯交换反应，制备混合脂肪酸乙酯，即为 α-亚麻酸乙酯粗品。常用的催化剂主要为甲醇钠、氢氧化钠、氢氧化钾等无机碱催化剂或脂肪酶。紫苏籽油与乙醇发生酯交换反应制备混合脂肪酸乙酯的反应式为：

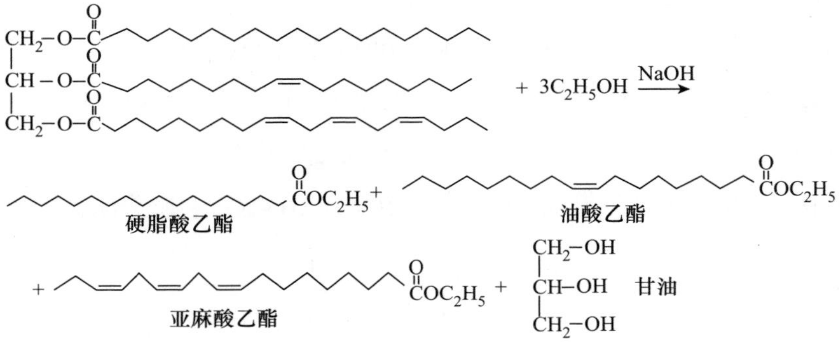

$CH_2-O-C(=O)-$
$CH-O-C(=O)-$ + $3C_2H_5OH$ $\xrightarrow{NaOH}$
$CH_2-O-C(=O)-$

$COOC_2H_5$ + $COOC_2H_5$
硬脂酸乙酯 油酸乙酯

+ $COOC_2H_5$ + CH_2-OH / $CH-OH$ / CH_2-OH 甘油
亚麻酸乙酯

（2）粗 α-亚麻酸乙酯制备工艺。将一定量的无水乙醇和氢氧化钠加入酯化釜中，蒸汽加热搅拌至氢氧化钠完全溶解后，按一定比例加入 380 kg 紫苏籽油［油与乙醇质量比为（0.75 ～ 1.5）：1，催化剂量为油质量的 0.5% ～ 1.5%］，发生酯交换反应将紫苏籽油乙酯化，反应温度75℃，反应时间 2 h。再经减压蒸发回收乙醇，将反应物在水洗干燥釜中静置沉淀 3 ～ 4 h 后，放出底部的甘油，将上层物料冷却至 60℃。再将上层物料用 75℃饱和食盐水水洗 2 次，至放出的水溶液中无甘油为止。最后将物料在 90℃真空条件下干燥，即得粗 α-亚麻酸乙酯。值得注意的是酯交换反应是一个在碱性环境下的可逆反应，应严格控制氢氧化钠的用量，既要保证反应向醇解的方向进行，又要尽量避免皂化反应的发生。

4. α-亚麻酸乙酯的分离纯化

目前常见的分离方法是综合采用分子蒸馏、分步结晶和尿素包合等方法，最后可得到 80% 以上的 α-亚麻酸乙酯产品。工艺如下：紫苏籽油乙酯化后静置分层，放出底部的甘油，上层油层即为粗 α-亚麻酸乙酯，可综合使用分步结晶、尿素包合和分子蒸馏分离纯化，使 α-亚麻酸乙酯的得率和纯度进一步提高。在分步结晶法初步纯化的基础上利用尿素包合法富集 α-亚麻酸乙酯，可以减少尿素用量，且具有更好的分离效果。用尿素包合后，水洗静置分层，进行三级分子蒸馏。将粗 α-亚麻酸乙酯泵入三级分子蒸馏设备中，一级分子蒸馏真空 0.095 MPa，馏出温度 90℃；二级分子蒸馏真空 1.2 Pa，馏出温度 100℃；三级分子蒸馏真空 1.4 ～ 1.5 Pa，馏出温度 120℃。通过第三级蒸馏后的轻相产品中 α-亚麻酸乙酯的含量可达 86%。

5. α-亚麻酸乙酯的质量评价

（1）颜色。取 25 mL 至比色管中，观察液体颜色。

（2）酸价测定。精密称取本品 4 g，置 250 mL 锥形瓶中，加乙醇-乙醚（1：1）混合液［临用前加酚酞指示液 1.0 mL，用氢氧化钠滴定液（0.1 mol/L）调至微显粉红色］50 mL，振摇使完全溶解（如不易溶解，可缓慢加热回流使溶解），用氢氧化钠滴定液（0.1mol/L）滴定，至粉红色持续 30 s 不褪。供试品的酸价 =$V\times5.61\ m$（式中：V—消耗氢氧化钠滴定液的体积，mL；m—供试品的质量，g）。

（3）碘值测定。碘值为油的不饱和程度的一种指标，可用 100 g 紫苏籽油中所能吸收（加成）碘的克数表示。精密称取紫苏籽油 0.2 g，置 250 mL 的干燥碘瓶中，加三氯甲烷 10 mL，溶解后，精密加入溴化碘溶液 25 mL，密塞，摇匀，在暗处放置 30 min。加入新制的碘化钾溶液 10 mL 与水 100 mL，摇匀，用硫代硫酸钠滴定液（0.01 mol/L）滴定剩余的碘，待混合液由棕色变为淡黄色，加淀粉指示液 1 mL，继续滴定至蓝色消失。同时做空白实验。供试品的碘值 =（V_2-V_1）$m\times1.269$（式中：V_1—供试品消耗硫代硫酸钠滴定液的体积，mL；V_2—空白实验消耗硫代硫酸钠滴定液的体积，mL；m—供试品的质量，g）。

（4）过氧化值测定。精密称取本品 5 g，置 250 mL 碘瓶中，加三氯甲烷 - 冰醋酸（2∶3）混合液 30 mL，振摇溶解后，加入碘化钾溶液 0.5 mL，密塞，准确振摇萃取 1 min，然后加水 30 mL，用硫代硫酸钠滴定液（0.01 mol/L）缓慢滴定，充分振摇，直至黄色几乎消失，加淀粉指示液 5 mL，继续滴定并充分振摇至蓝色消失。同时做空白实验，空白实验中硫代硫酸钠滴定液（0.01 mol/L）的消耗量不得过 0.1 mL。供试品的过氧化值 =$10\times m$（V_1-V_2）（式中：V_1—供试品消耗硫代硫酸钠滴定液的体积，mL；V_2—空白实验消耗硫代硫酸钠滴定液的体积，mL；m—供试品的质量，g）。

（5）α - 亚麻酸乙酯含量测定。产品中 α - 亚麻酸乙酯含量的测定参照《食品安全国家标准 食品中脂肪酸的测定》（GB 5009.168—2016）进行。样品前处理方法：精密称取本品 0.1 g，置 50 mL 锥形瓶中，加 0.5 mol/L 氢氧化钠 - 甲醇溶液 2 mL，加热回流 30 min，放冷；加入 15% 三氟化硼 - 甲醇溶液 2 mL，再加热回流 30 min，放冷；加入庚烷 4 mL，继续加热回流 5 min 后，放冷；加饱和氯化钠溶液 10 mL 洗涤，摇匀，静置使分层，取上层液，用水洗涤 3 次，每次 2 mL，上层液经无水硫酸钠干燥，作为供试品溶液。

采用气相色谱对目标产物的含量进行定量分析，分析条件：DB-1毛细管柱（30 m×0.25 mm×0.25 μm）；氢火焰离子化检测器；柱温180℃；进样口温度220℃；检测器温度300℃；升温程序为初始温度180℃保留1 min，再以20℃/min的速率升温至300℃，保留5 min；尾吹流量25.0 mL/min；氢气流量40.0 mL/min；空气流量400 mL/min；进样量1 μL。α-亚麻酸乙酯的得率（%）=（α-亚麻酸乙酯质量÷原料亚麻油质量）×100%。

（6）水分与挥发物测定。精密称取本品5 g，置干燥至恒重的扁形称量瓶中，在105℃下干燥40 min取出，置干燥器内放冷，精密称定质量；再在105℃下干燥20 min，放冷，精密称定质量，至连续2次干燥后称重的差异不超过0.001 g，减失的质量即为本品中水分与挥发物的质量。

（7）不皂化物测定。精密称取本品5 g置250 mL锥形瓶中，加氢氧化钾-乙醇溶液（取氢氧化钾12 g，加水10 mL溶解后，用乙醇稀释至100 mL，摇匀，即得）50 mL，加热回流1 h，放冷至25℃以下，移至分液漏斗中，用水洗涤锥形瓶2次，每次50 mL，洗液并入分液漏斗中，用乙醚提取3次，每次100 mL；合并乙醚提取液，用水洗涤乙醚提取液3次，每次40 mL，静置分层，弃去水层；依次用3%氢氧化钾溶液与水洗涤乙醚层各3次，每次40 mL；再用水40 mL反复洗涤乙醚层直至最后洗液中加酚酞指示液2滴不显红色。将乙醚提取物移至已恒重的蒸发皿中，用乙醚10 mL洗涤分液漏斗，洗液并入蒸发皿中，置50℃水浴上蒸去乙醚，用丙酮6 mL溶解残渣，置空气流中除去丙酮，在105℃干燥至连续2次称重之差不超过1 mg，记录数据。不皂化物含量（%）=$m_1 \div m_2 \times 100\%$（式中：$m_1$—不皂化物的质量，g；$m_2$—供试品的质量，g）。

（三）α-亚麻酸乙酯的生理功能

在2001年α-亚麻酸乙酯被批准可作为药物使用，批准文号为：国药准字H20013392。批示的原文是α-亚麻酸乙酯可用于高脂血症和慢性肝炎的辅助治疗，抑制血栓的形成，抗动脉网状硬化，提高大脑功能。

（四）α - 亚麻酸

α - 亚麻酸可由紫苏籽油经皂化反应制备，再利用饱和脂肪酸、单不饱和脂肪酸和多不饱和脂肪酸的物化性质不同而分离提纯。

1. α - 亚麻酸的理化性质

α - 亚麻酸的分子式 $C_{18}H_{30}O_2$，相对分子质量为 278，熔点为 −11℃，沸点为 230 ～232℃（133.322 Pa），密度为 0.914 g/mL（25℃），折射率 n_D^{20} 为 1.480，不溶于水。

2. 皂化反应制备 α - 亚麻酸

将紫苏籽油加入水 - 乙醇中，再在一定的温度下加入足够的氢氧化钠进行紫苏籽油的皂化水解反应。等到皂化反应结束后，利用一定量的石油醚进行溶解萃取，除去多余的不皂化物；再利用盐酸溶液调 pH 为酸性，并用氯化钾溶液进行清洗；最后用石油醚进行多次萃取分离，得到混合的脂肪酸，再进行分离提纯。紫苏籽油水解成混合脂肪酸的反应式为：

$CH_2-O-C(=O)-R_1$ / $CH-O-C(=O)-R_2$ / $CH_2-O-C(=O)-R_3$ + $3H_2O$ $\xrightarrow[3C_2H_5OH]{NaOH}$ $\xrightarrow{HCl}$

COOH（硬脂酸）+ COOH（油酸）+ COOH（亚麻酸）+ CH_2-OH / $CH-OH$ / CH_2-OH（甘油）

3. α - 亚麻酸的分离提纯

提纯的主要目的是去掉皂化后存在的饱和脂肪酸、单不饱和脂肪酸，这些脂肪酸彼此相对分子质量接近，提纯有一定困难，但仍可利用饱和脂肪酸、单不饱和脂肪酸和多不饱和脂肪酸的沸点、熔点、分子伸展的不同（饱和脂肪酸是直线锯齿状，排列紧密；不饱和脂肪酸顺式双键会产生一个结，不能紧密排列，分子中双键越多，越不能紧密排列），综合采用分子蒸馏、分步结晶和尿素包合等方法进行提纯。目前常见的分离方法是尿素包合法。

尿素包合法是将尿素和95%乙醇按一定比例混合加入圆底烧瓶中，在83℃回流至尿素全部溶解，加入相应的混合脂肪酸，77℃回流15 min，在－18℃下包合12 h以上，抽滤出尿素结晶包合物，分离出滤液，加入适量蒸馏水转移至分液漏斗中，用10%盐酸调pH为2～3，加入适量正己烷进行萃取，蒸馏水反复冲洗正己烷相三次，分离得有机相，用适量的无水硫酸钠干燥，旋转蒸发得到α-亚麻酸纯度较高的多不饱和脂肪酸。在尿素包合过程中，应保证尿素在醇溶液始终饱和，否则包合过程将逆转；晶体析出时应控制结晶温度，采用分步结晶法，晶体缓慢析出有利于保持大而均匀的晶型，便于过滤；利用尿素极易溶于水的性质，产物应用水多次洗涤至无尿素残留，之后将产品干燥脱水，否则产品将会水解。运用尿素包合法提纯α-亚麻酸，经2次包合后纯度可以达到87.3%，但该方法存在收率低、溶剂易残留、包合时间长等问题。应用梯度冷却尿素包合法对从紫苏籽油中提取α-亚麻酸的工艺进行优化，最高α-亚麻酸纯度在90%以上，与直接包合法相比，梯度冷却尿素包合法是一种有效提高α-亚麻酸纯度的方法。

采用分子蒸馏技术对紫苏籽油中α-亚麻酸进行分离纯化，经四级分子蒸馏将α-亚麻酸纯度从83.01%提高至86.04%，此法优点在于蒸馏温度较低，可有效防止紫苏籽油中的营养成分被氧化分解。

（五）应在世界范围内专项推广α-亚麻酸

1990年3月在华盛顿召开的关于ω-3多不饱和脂肪酸的国际会议上指出：α-亚麻酸被确定是对人类健康非常有益的人体必需脂肪酸。α-亚麻酸以甘油酯的形式存在于自然界，人体一旦缺乏，即会引起机体脂质代谢紊乱，导致免疫力降低、健忘、疲劳、视力减退、动脉粥样硬化等。α-亚麻酸具有促进视力及大脑发育，提高记忆力，降低胆固醇、高血脂和动脉粥样硬化的风险等功效，对心脑血管等慢性疾病有良好的预防及辅助治疗效果。α-亚麻酸对于人的身体不是可有可无的，而是绝对不可缺少的，它对于人类的健康有着极其重要的作用。世界卫生组织（WHO）和联合国粮农组织（FAO）于1993年联合发表声明，鉴于α-亚麻酸的重要性和人类普遍缺乏的现状，决定在世界范围内专项推广α-亚麻酸。世界许多国家如美国、英国、法国、德国、日本等都立法规定，在指定的食品中必须添加α-亚麻酸及其代谢物，方可销售。美国国家医学院建议，α-亚麻酸对于男性保健最佳摄入量为每天1.6 g，女性最佳摄入量为每天1.0 g。中国人膳食中普遍缺乏α-亚麻酸，日摄入量不足世界卫生组织的推荐量（每人每日1.25 g）的一半。目前国内对于α-亚麻酸的认知还很不够，对于α-亚麻酸的使用也极为不普遍，专家纷纷呼吁国家立法专项补充α-亚麻酸。在通常的食物中，α-亚麻酸的含量是极少的。富含α-亚麻酸理想的食品或保健品是紫苏籽油、白苏籽油、亚麻籽油（或称为胡麻油）、α-亚麻酸胶囊。

第五章

紫苏籽粕

紫苏籽粕为紫苏籽榨油后的残渣，由于除去了大部分油脂，蛋白质含量比紫苏籽进一步提高，最高可达45%，高于传统作物的蛋白质含量。紫苏籽粕气味芬芳，适口性好，杂质很少，不含有棉酚等有毒、有害物质，含有相当含量的不饱和脂肪酸、纤维素。紫苏籽蛋白中的氨基酸种类齐全、总量较高，而且其中必需氨基酸占比大，谷氨酸含量尤其高，其他氨基酸含量相对均衡。紫苏籽粕中还含有酚类及黄酮类物质，具有清除自由基、抗菌消炎、抗氧化、抗肿瘤等多种生物活性。紫苏籽粕中钾元素含量高且含硒，重金属不超标。因此，紫苏籽粕在医药、食品和化妆品等领域有广泛的用途，是可开发利用的宝贵资源，但目前紫苏籽粕主要用作饲料，有些地区还作为燃料或肥料，实在是一种资源的浪费。

（一）冷榨与热榨紫苏籽粕外观分析

紫苏籽榨油后所得到的紫苏籽粕，按传统方法有冷榨紫苏籽粕与热榨紫苏籽粕两种。这两种方法所得到的紫苏籽粕的外观和颜色有所不同，冷榨紫苏籽粕颜色为黑褐色，颗粒粘在一起，呈现不规则卷状、片状或饼状；热榨紫苏籽粕颜色比冷榨紫苏籽粕颜色浅，为灰色粉末状，颗粒不粘在一起。两种紫苏籽粕的外观和颜色上的差异，可能是由于加热使水分散失、蛋白质变性和残油变少。冷榨紫苏籽粕含水量比热榨紫苏籽粕高。

（二）紫苏籽粕基本组成成分的测定

紫苏籽粕成分很多，基本组成成分的测定方法如下：粗脂肪可按照《食品安全国家标准 食品中脂肪的测定》（GB 5009.6—2016）或《饲料中粗脂肪的测定》（GB/T 6433—2006）中的索氏抽提法测定；粗蛋白采用《食品安全国家标准 食品中蛋白质的测定》（GB 5009.5—2016）中的凯氏定氮法测定；灰分采用《食品安全国家标准 食品中灰分的测定》（GB 5009.4—2016）中的灼烧重量法测定；可溶性蛋白质采用考马斯亮蓝法（Bradford 法）测定；粗纤维含量参考《植物类食品中粗纤维的测定》（GB/T 5009.10—2003）测定；水分采用《食品安全国家标准 食品中水分的测定》（GB 5009.3—2016）或《油料饼粕 水分及挥发物含量的测定》（GB/T 10358—2008）中的恒重法测定。

1. 冷榨与热榨紫苏籽粕干基的质量分数

对紫苏籽粕干物质分析发现，冷榨紫苏籽粕的粗脂肪、粗纤维含量比热榨紫苏籽粕的高，而冷榨紫苏籽粕的粗蛋白质、粗灰分含量稍低于热榨紫苏籽粕（表 5-1）。冷榨紫苏籽粕的水分比热榨紫苏籽粕的水分多，是由于热榨烘焙过程中水分有部分散失。冷榨紫苏籽粕的粗脂肪含量比热榨紫苏籽粕的高，是由于热榨出油率较高，热榨紫苏籽粕的含油量降低。相同原料冷榨紫苏籽粕和热榨紫苏籽粕的脂肪酸组成虽然相同，但冷榨紫苏籽粕的氨基酸总量比热榨紫苏籽粕的高，而从单独一种氨基酸来看，除缬氨酸和蛋氨酸外，冷榨紫苏籽粕各氨基酸的含量也均比热榨紫苏籽粕相应氨基酸的含量高。

表5-1 冷榨与热榨紫苏籽粕常规营养成分干基质量分数

项目	冷榨紫苏籽粕 /%	热榨紫苏籽粕 /%
水分	10.78 ± 0.02	5.21 ± 0.11
粗脂肪（干基）	16.53 ± 0.11	14.87 ± 1.34
粗纤维（干基）	27.46 ± 0.26	26.98 ± 0.21
粗蛋白质（干基）	38.47 ± 0.11	39.75 ± 0.17
粗灰分	5.30 ± 0.08	5.83 ± 0.05

2. 紫苏籽粕营养物质均衡

综合冷榨与热榨紫苏籽粕的常规营养成分测定结果，紫苏籽粕的粗蛋白质含量比常见的大豆饼粕、花生仁饼粕、菜籽饼粕低，但其粗蛋白质（干基）的含量相对较高，达到 35% 以上，可以满足提取蛋白质或蛋白质产品开发的需求。紫苏籽粕的粗脂肪（干基）含量偏高，大于 14%，远高于常见饼粕的粗脂肪含量，可能与加工工艺有关。紫苏籽粕中粗纤维（干基）的含量高达 26% 以上，远高于菜籽饼粕的 11.4%、花生仁饼粕的 5.9% 和大豆饼粕的 4.8%。紫苏籽粕中粗灰分含量与其他三种常见饼粕的粗灰分含量相当。由此可知，紫苏籽粕是一种营养较均衡的物质，具有高蛋白质、高脂肪、高纤维的特性，在食品、新型饲料等产品开发上具有一定潜力。

（三）冷榨与热榨紫苏籽粕中脂肪酸组成及成分分析

脂肪酸组成及成分分析参照《饲料中脂肪酸含量的测定》（GB/T 21514—2008）中的方法，可使用气相色谱 - 质谱联用仪和荧光分光光度计进行测定。紫苏籽粕中已检测出 14 种脂肪酸，饱和脂肪酸有 8 种，不饱和脂肪酸有 6 种，其中包含必需脂肪酸 2 种（表 5-2）。

表5-2　冷榨与热榨紫苏籽粕中脂肪酸组成及含量

项目	冷榨紫苏籽粕 /（mg/kg）	热榨紫苏籽粕 /（mg/kg）
肉豆蔻酸（C14：0）	48.3 ± 3.8	45.9 ± 2.4
十五碳酸（C15：0）	25.6 ± 0.3	23.9 ± 0.3
棕榈酸（C16：0）	12496.7 ± 134.3	11706.7 ± 20.8
十七碳酸（C17：0）	41.4 ± 2.1	39.5 ± 3.7
硬脂酸（C18：0）	3303.3 ± 47.3	3083.3 ± 32.2
花生酸（C20：0）	333.3 ± 5.8	320.0 ± 0.1
二十二碳酸（C22：0）	75.4 ± 1.0	75.7 ± 1.1
二十四碳酸（C24：0）	110.0 ± 0.1	133.3 ± 5.8
饱和脂肪酸总量	16434.0 ± 194.7	15428.3 ± 66.1
棕榈油酸（C16：1）	330.0 ± 0.1	313.3 ± 5.8
十七碳烯酸（C17：1）	19.6 ± 1.0	21.2 ± 1.5
油酸（C18：1）	22903.3 ± 378.2	21423.3 ± 20.8
单不饱和脂肪酸总量	23252.9 ± 379.3	21757.8 ± 28.1
亚油酸（C18：2）	18476.7 ± 315.6	16843.3 ± 51.3
二十碳二烯酸（C20：2）	48.6 ± 1.3	46.0 ± 2.5
α-亚麻酸（C18：3）	68296.7 ± 1381.5	63120.0 ± 454.0
多不饱和脂肪酸总量	86822.0 ± 1698.4	80009.3 ± 507.8
必需脂肪酸总量	86773.4 ± 1697.1	79963.3 ± 505.3

从以上数据可以看出，冷榨与热榨紫苏籽粕的饱和脂肪酸含量均较低，低于脂肪酸总量的15%，饱和脂肪酸中棕榈酸的含量最高，其次为硬脂酸和花生酸，其他饱和脂肪酸的含量比较少；冷榨与热榨紫苏籽粕中不饱和脂肪酸的含量均较高，高于脂肪酸总量的85%。其中α-亚麻酸、亚油酸含量尤其丰富，α-亚麻酸为所有脂肪酸中含量最高的。热榨紫苏籽粕与冷榨紫苏籽粕脂肪酸组成虽然大体相同，但是大部分热榨紫苏籽粕脂肪酸的含量较冷榨紫苏籽粕相应脂肪酸的含量有所降低，其中α-亚麻酸、亚油酸、油酸和棕榈酸降低得较为明显。

（四）冷榨与热榨紫苏籽粕中氨基酸组成及成分分析

氨基酸的组成及成分分析参照《饲料中氨基酸的测定》（GB/T 18246—2019）中的方法，可使用氨基酸分析仪进行测定。冷榨与热榨紫苏籽粕氨基酸组成成分相同，检测出水解氨基酸 17 种、必需氨基酸 7 种、非必需氨基酸 10 种。蛋白质样品中氨基酸组成分析一般是用 6 mol/L 盐酸在 110℃氮气保护或真空条件下水解 10 ～ 24 h（或用甲基磺酸水解），水解产物用磺化聚苯乙烯离子交换柱分离，蛋白质水解时由于色氨酸在酸性条件下全被破坏而未检出。为测色氨酸含量，可在碱性条件下水解蛋白质，用 5 mol/L 氢氧化钠在 110℃氮气保护下水解 20 h，虽然多种氨基酸被破坏，但色氨酸不被破坏，分离后可测定其含量。

冷榨与热榨紫苏籽粕中氨基酸种类齐全、总量较高、营养价值较好，而且其中必需氨基酸含量相对较高，含量均高于 30%。人体必需氨基酸指的是人体自身（或其他脊椎动物）不能合成或合成速率不能满足人体需要，必须从食物中摄取的氨基酸。紫苏籽粕的必需氨基酸中蛋氨酸含量较少，谷氨酸含量最高，其次为精氨酸和天冬氨酸，其他氨基酸除胱氨酸外含量相差均不大。谷氨酸作为中枢神经系统中最重要的兴奋性神经递质，具有改善脑细胞营养及记忆力减退等重要生理作用；精氨酸可帮助改善免疫系统健康和抵御疾病；天冬氨酸能调节脑和神经的代谢功能。

（五）冷榨与热榨紫苏籽粕中矿质元素及重金属含量分析

主要矿质元素钾、锌、铁参照《饲料中钙、铜、铁、镁、锰、钾、钠和锌含量的测定 原子吸收光谱法》（GB/T 13885—2017）中的原子吸收光谱法进行测定，硒参照《饲料中硒的测定》（GB/T 13883—2008）中的氢化物原子荧光光谱法进行测定，铅参照《饲料中铅的测定 原子吸收光谱法》（GB/T 13080—2018）中的原子吸收光谱法进行测定，砷参照《饲料中总砷的测定》（GB/T 13079—2006）中的氢化物原子荧光光度法进行测定，镉参照《饲料中镉的测定》（GB/T 13082—2021）中的方法进行测定。

紫苏籽粕具有高钾、富硒、重金属不超标的特点，是一种营养较均衡的物质。冷榨与热榨紫苏籽粕中钾元素的含量非常丰富，冷榨紫苏籽粕中钾元素含量比热榨紫苏籽粕的低；紫苏籽粕中微量元素铁和锌的含量一般；紫苏籽粕中含有一定量的硒元素；两种紫苏籽粕中未检出重金属元素镉和铅；砷的含量也较低，均小于食品中砷限量卫生标准中的最低值 0.2 mg/kg，也小于饲料卫生标准中的限值 2 mg/kg（表 5-3）。

表5-3　紫苏籽粕中部分矿质元素及重金属含量

元素	冷榨紫苏籽粕/（mg/kg）	热榨紫苏籽粕/（mg/kg）
钾	8613.00 ± 4.36	9222.33 ± 200.04
铁	126.33 ± 11.77	131.83 ± 6.47
锌	94.73 ± 3.00	80.37 ± 1.03
硒	0.11 ± 0.02	0.10 ± 0.01
镉	ND	ND
铅	ND	ND
砷	0.09 ± 0.02	0.11 ± 0.02

（六）紫苏籽粕黄酮类物质

紫苏籽粕含有丰富的黄酮类及酚类物质，具有清除自由基、抗菌消炎、抗氧化、抗肿瘤等多种生物活性，在医药、食品和化妆品等领域应用广泛。紫苏类化合物多以苷类形式存在。黄酮与糖之间键合成苷时，因各自种类、数量、键合位置及方式的不同，可能形成功能多样、种类繁多的黄酮类化合物。

1. 紫苏籽粕中黄酮类物质的提取

应用热回流乙醇提取法获得黄酮类物质，提取率高达 5.214%。用乙醇作为溶剂从紫苏籽粕中提取黄酮类物质，最佳浸提条件为：乙醇浓度 50%，提取温度 70℃，提取时间 2 h，料液比 1：12（g/mL）。此法回收率在 94% ～ 107%，黄酮平均提取率为 7%，对紫苏籽粕中总黄酮的提取有实际应用价值。但此法易残留有机溶剂、成本高，且获得的黄酮类物质属于粗品，纯度不高，需后期再次提纯。

2. 采用索氏提取法提取紫苏籽粕中的黄酮类物质

紫苏籽粕于 42℃恒温烘干后，经中药粉碎机粉碎，用不同目数标准筛进行筛取后，用索氏提取法提取紫苏籽粕中的黄酮类物质。提取溶剂为乙醇（50%），料液比 1∶5，再加几粒沸石，在恒温水浴中回流提取一定时间，调节水温在 70 ～ 80℃，使冷凝下滴的提取剂成连珠状（120 ～ 150 滴 /min 或回流 7 次 /h 以上）。索氏提取法提取紫苏黄酮的最佳条件为：提取时间 3 h，紫苏籽粕粒径 840 μm，乙醇体积分数 90%，料液比 1∶5，提取两次，黄酮的提取率为 1.636%。

3. 紫苏籽粕中总黄酮含量的测定

紫苏籽粕粗提液经过适当的稀释后，于 510 nm 下测定吸光度，通过芦丁（生物类黄酮，属维生素类药，分子式 $C_{27}H_{30}O_{16}$）标准曲线，求得粗提液中黄酮含量。利用紫外分光光度法测得紫苏籽粕中黄酮含量为 2.007%。

（1）芦丁标准曲线绘制。精确称取芦丁标准品 50 mg，用无水乙醇溶解并定容至 250 mL，制得芦丁标准液（0.2 mg/mL）。准备 9 个 10 mL 的带刻度试管，并做好标识，用微量移液器准确吸取 0、0.5、1.0、1.5、2.0、2.5、3.0、3.5、4.0 mL 标准液于相应标记的试管中，用无水乙醇补足至 5.0 mL，然后加 0.3 mL 5% 亚硝酸钠溶液，摇匀，于室温阴暗处放置 6 min；再缓慢加入 0.3 mL 10% 硝酸铝溶液，继续放置 6 min；之后加 4 mL 浓度为 1 mol/L 的氢氧化钠溶液，最后定容至 10 mL，旋涡混合器充分混匀后，立即于 510 nm 下测定吸光度。以芦丁标准品的质量浓度为横坐标，吸光度为纵坐标，绘制芦丁标准曲线，并对所得数据进行追溯回归。

（2）萃取样中黄酮含量的测定。吸取样品液 50 μL 置于 10 mL 容量瓶中，加入 30% 乙醇 5.0 mL，5% 亚硝酸钠溶液 0.3 mL，摇匀，放置

6 min；加入 10% 硝酸铝溶液 0.5 mL，摇匀，放置 6 min；加 1 mol/mL 氢氧化钠溶液 4.0 mL，加入 30% 乙醇至刻度线，摇匀，放置 15 min。以 30% 乙醇作参比，于 503 nm 处测定吸光度，代入标准曲线方程求得样品液中黄酮的含量，再换算成紫苏籽粕中黄酮的含量。

4. 紫苏黄酮的抑菌作用和抗炎作用

对紫苏黄酮的抑菌作用进行研究，用白醋作为溶解剂提取紫苏籽粕中的黄酮，发现紫苏籽粕白醋提取液中黄酮浓度为 2.488 mg/mL 时，大肠杆菌的生长被抑制程度高，对大肠杆菌的最低抑菌浓度（MIC）为 50 μg/mL，显示紫苏黄酮有很好的抑菌效果。通过大鼠肉芽肿及小鼠气囊炎炎症模型研究紫苏黄酮的抗炎作用，实验结果发现，紫苏黄酮降低了小鼠细血管通透性，抑制了二甲苯致小鼠耳肿胀，减轻了大鼠肉芽肿，抑制了气囊渗出液中蛋白质的量和白细胞数，降低了渗出液中丙二醛和一氧化氮的量，降低了血清中白细胞介素 -6 和肿瘤坏死因子的量，表现紫苏黄酮具有较强的抗炎作用。

（七）利用紫苏籽粕生产紫苏甾醇

CN201310580011.7 公开了一种利用紫苏籽粕生产紫苏甾醇的方法，是以水分小于 1% 的冷榨紫苏籽粕为原料，以等体积的石油醚与乙酸乙酯混合溶剂为提取剂超声提取，提取液浓缩得到的浸膏上减压硅胶层析柱，以石油醚与乙酸乙酯混合溶剂洗脱得到紫苏甾醇。此方法生产的紫苏甾醇纯度在 80% 以上，回收率为理论量的 90% 以上，同时对紫苏籽粕损伤低、破坏小，不影响其饲用功能，并可回收紫苏残留油脂，适合大规模工业化生产。具体实施方式如下：取冷榨后的紫苏籽粕 10 kg，60℃烘干 2 h，粉碎过 420 μm 筛，加入 60 kg 石油醚 - 乙酸乙酯（1∶1，v/v）提取剂中，放入超声波提取器，在浸提温度 45℃、功率 150 W 条件下提取 20 min。过滤，滤渣再用 60 kg 同样的提取剂提取 20 min。合并 2 次提取液，减压浓缩回收提取剂，得到浸膏 500 g。紫苏籽粕残渣于 100℃烘干后，作为饲料原料。然后将浸膏用 500 g 48 ～ 74 μm 目硅胶拌样，固体上样 38 ～ 48 μm 减压硅胶层析柱，真空泵压力保持在 0.08 MPa。先用 0.05% 三乙胺 - 石油醚溶液润湿柱子，然后用石油醚洗脱 4 个柱体积，回收溶剂，得紫苏残油 380 g。最后用石油醚 - 乙酸乙酯（1∶1，v/v）等梯度洗脱 3 个柱体积，浓缩洗脱液，得到 85.5 g 紫苏甾醇，纯度为 85.3%。

（八）紫苏籽粕是非常好的植物蛋白资源

紫苏籽粕具有芳香味、口感绝佳、蛋白质含量高、杂质很少。紫苏籽粕中粗蛋白质的含量高达 32.33%，此外还含有粗脂肪 7.48%、粗灰分 8.58% 和粗纤维 35.49%。用紫苏籽粕分离提取蛋白质后的蛋白质含量为 83.67%，达到了蛋白分离水平。与菜籽粕和棉籽粕不同，紫苏籽粕中硫苷和棉酚等有毒成分的含量极少，且没有其他对人体健康有害的物质。紫苏籽粕中还含有丰富的必需氨基酸，比例均衡，功效比值、净蛋白比值和真消化率都很高，是非常好的植物蛋白资源，也是非常好的饲料资源。目前紫苏籽制取紫苏籽油后，产生的大量紫苏籽粕还被简单地当作饲料和肥料，紫苏籽粕中的营养成分及功能特性未得到更深层次的加工与利用。

（九）紫苏籽粕发酵深加工

若将紫苏籽粕直接用于饲料中，对紫苏籽粕中的成分利用率不高，应进一步深入开发和研究，为此已进行了大量研究工作。如 CN201611114725.9 报道的以紫苏籽粕为原料，采用酯酶和蛋白酶双酶复合处理，可得到具有抗氧化性的天然产物、抗菌肽及饲料等产品，具有良好的经济价值和应用前景。除采用复合酶处理外，更易掌握的是紫苏籽粕发酵深加工。

1. 纳豆芽孢杆菌发酵

纳豆芽孢杆菌是从日本的传统发酵食品纳豆中发现并分离出来的一种益生菌，能分泌淀粉酶、蛋白酶、脂肪酶、纤维素酶等多种酶类。利用纳豆芽孢杆菌发酵的紫苏籽粕产品中相对分子质量小的蛋白比例增多，可以提高蛋白质的消化率，有利于吸收。发酵后提取的紫苏籽蛋白的微观结构见不到孔洞，呈现熔融状态。

2. 乳酸菌与酵母菌混合发酵

研究发现，经乳酸菌与酵母菌混合发酵的紫苏籽粕有多种保健功能，如抗肿瘤、降血压、抗菌和降血糖等。发酵工艺流程为先将脱脂紫苏籽粕粉碎、过筛得到紫苏籽粕粉末，经配料杀菌后，将发酵菌种活化后接种、发酵即可制成成品。发酵工艺条件确定后，分别以乳酸菌接入量、酵母菌接入量、发酵时间等因素进行单因素实验，测定各个因素对发酵感官品质的影响，最佳发酵的工艺参数为：乳酸菌接入量 2%，酵母菌接入量 4%，发酵时间 6 h。

3. 酵母与纳豆芽孢杆菌混合发酵

马克斯克鲁维酵母是一种研究广泛的非传统酵母菌，耐高温、生长速度快，含有多种对人体健康有益的活性物质，其分泌的 β-葡聚糖具有刺激免疫、降低胆固醇、抗氧化、抗菌和抗肿瘤等多种生理功能。将马克斯克鲁维酵母与纳豆芽孢杆菌混合用于固态发酵，最优工艺为：马克斯克鲁维酵母与纳豆芽孢杆菌体积比 1.5∶1，料液比 1∶2，发酵温度 33℃。在此条件下混合发酵的紫苏籽蛋白的含量高达 38.93%，此条件下紫苏籽蛋白的持水性、溶解性均优于未发酵的紫苏籽蛋白。混合发酵后紫苏籽蛋白被降解，相对分子质量小的蛋白质比例增多。

第六章

紫苏籽蛋白和紫苏籽肽

蛋白质是生命的物质基础，是构成细胞的基本有机物，是人体中不可或缺的功能物质，对人体的生长发育起着至关重要的作用。食用蛋白质基于来源可分为植物蛋白和动物蛋白。植物蛋白具有生产周期短、资源丰富、产量大等优点，脂肪及胆固醇含量比动物蛋白类食品（猪肉、牛肉等）低，经常食用更有利于身体健康。随着人口不断增长，食品资源日益紧张，研究开发和利用植物蛋白类食品也显得尤为重要。如果将紫苏籽榨油后再进一步分离出紫苏籽粕的蛋白质并加以利用，将会更好提高其开发应用价值。

（一）紫苏籽蛋白和氨基酸

以脱脂紫苏籽粕为原料得到的紫苏籽浓缩蛋白营养丰富，具有优良的加工特性，提纯后无异味、不含过敏性因子，具有很好的溶解性和乳化性，是不可多得的优质蛋白资源。紫苏籽蛋白比大豆分离蛋白相对分子质量小、溶解性好，持油性、乳化性高，持水性、起泡性低，可作为食品加工工业的优质蛋白原料。蛋白质是紫苏籽重要的营养成分，紫苏籽中的粗蛋白含量变化较大，一般为20% ～ 28%，最高可达45%，高于一般的谷类食品，大米中蛋白质含量为7.19% ～ 10.70%、玉米为9.21% ～ 12.90%、小麦为8.76% ～ 14.90%。紫苏籽中的粗蛋白含量和核桃（16.66%）、花生（27.05%）相当，低于大豆（40.17%），高于鸡蛋（12.33%）和牛乳（2.956%）。紫苏籽蛋白具有抗氧化、防衰老、降血脂、降血糖、抗过敏、抗菌、提高记忆力和改善视觉等保健功能，在新型功能食品领域开发应用潜力巨大。

紫苏籽中含有18种人体基本氨基酸，组成比例合理，其中包含8种人体必需氨基酸，不存在对人体有害的成分，是可开发利用的宝贵资源。必需氨基酸是人体自身不能生成，必须从食物中获取的氨基酸，人体8种必需氨基酸在紫苏籽蛋白中全都存在，其中谷氨酸含量最高，尤其是谷物中缺少的赖氨酸和蛋氨酸的含量均较高于其他物种，因此是一种非常优质的蛋白。赖氨酸在帮助人体吸收和利用其他营养物质的过程中起关键作用，能够增进食欲、促进生长发育。蛋氨酸具有预防脂肪肝的能力，可利用紫苏籽研制防治肝炎、肝硬化等肝脏疾病的药物；蛋氨酸参与精子形成过程，还能与饲料中的霉菌、毒素结合，使其毒性大大降低，因此可以利用紫苏籽粕作饲料来提高禽蛋受精率和受精卵孵化率，以及预防动物感染霉菌疾病。若紫苏籽在饮食中与其他食物一同搭配食用，可以更充分地利用紫苏籽所含的氨基酸资源，提高食物的营养价值和食用价值。

紫苏籽氨基酸种类齐全，总氨基酸含量为158.02 mg/g，8种必需氨基酸含量为39.33 mg/g，与鸡蛋中总氨基酸含量106.7 mg/g、8种必需氨基酸含量37.6 mg/g相当，高于牛奶总氨基酸含量28.68 mg/g、8种必需氨基酸含量11.52 mg/g。从紫苏籽脱脂粉中提取到的3种蛋白——分离蛋白、清蛋白和球蛋白，都含有8种必需氨基酸，且有较高含量的谷氨酸和精氨酸。紫苏籽蛋白富含的功能性氨基酸具有很高的开发利用价值。紫苏籽中天门冬氨酸含量最高，对保护心脏、肝脏作用最大；酪氨酸、赖氨酸含量丰富，对促进脑细胞发育、增强记忆力有较好作用；紫苏籽中除含硫氨基酸（蛋氨酸＋胱氨酸）外，其他必需氨基酸的含量均接近或高于联合国粮农组织推荐值，也接近或超过鸡蛋蛋白相应的氨基酸含量，必需氨基酸指数接近标准蛋白质。紫苏籽蛋白只是含硫氨基酸含量低，在饮食中可与其他含硫氨基酸丰富的食物，如谷类、甜薯、猪肉和牛肉等搭配食用。

（二）紫苏籽蛋白的提取

目前，紫苏籽蛋白的研究重点在蛋白的提取工艺、提取方法及对提取蛋白的纯化方面。蛋白的常用提取方法有等电点法（碱溶酸沉法）、盐析法、氯乙酸-丙酮沉淀法等。等电点法具有操作简便、损耗低、纯度高和方便快捷等优点，是植物蛋白分离提取常用的方法。紫苏籽蛋白是以紫苏籽脱脂后的副产品紫苏籽粕为原料，采用碱溶酸沉法提取的蛋白，得率一般在25%左右，最高提取率可达46.90%，纯度可达到85%以上。通过研究电泳图上的杂带，发现紫苏籽蛋白为混合蛋白质。分析蛋白质氨基酸的组成和含量，得出必需氨基酸含量较高。

1. 碱溶酸沉法提取紫苏籽蛋白

紫苏籽蛋白是两性电解质，其等电点与它所含的酸性氨基酸和碱性氨基酸的数量比例有关。各种蛋白质因氨基酸残基组成不同，等电点也不一样。当溶液在某一特定pH条件下，蛋白质所带正电荷与负电荷恰好相等，总净电荷为零，在电场中既不向阳极移动，也不向阴极移动，此pH为该蛋白质的等电点。蛋白质在等电点时，因为没有相同电荷而互相排斥的影响，溶解度最小，极易借静电引力迅速结合成较大的聚集体，因而沉淀析出。各种蛋白质都有自己特定的等电点。当pH高于等电点时蛋白质带净负电荷，而pH低于等电点时蛋白质带净正电荷。碱溶酸沉法提取蛋白之所以称为等电点法提取分离蛋白，是因为蛋白质的酸碱性主要取决于肽链上可解离的基团。将紫苏籽粕中的蛋白溶解在稀碱溶液中，分离除去紫苏籽粕中的不溶物杂质，然后用酸将蛋白提取液的pH调至紫苏籽蛋白的等电点，使紫苏籽蛋白沉淀析出，再经分离清洗，得到粉状紫苏籽蛋白，与溶液中的杂质分开。

（1）紫苏籽蛋白等电点的测定。紫苏籽蛋白等电点的测定采用溶解性法。在pH 3.0 ～ 5.6内设14个点，用10%氢氧化钠溶液和15%盐酸溶液调节pH，确定紫苏籽蛋白的等电点。上清液中蛋白的浓度随着pH增加先降低后增加。在pH 4.2 ～ 4.6，上清液中蛋白浓度较低；pH 4.4时，上清液中蛋白浓度最低，只有203.7533 μg/mL，说明pH 4.4时溶液中的大部分蛋白已经沉淀，紫苏籽蛋白的溶解度最小，基于此判断紫苏籽蛋白的等电点在4.4左右。

（2）制备紫苏籽蛋白的具体步骤。将脱脂紫苏籽粕粉碎通过250 μm筛，加水，料液比为1∶10，用10%的氢氧化钠溶液将溶液pH调为9.0，碱溶时温度55℃，碱溶时间每次60 min（2次），使蛋白溶于碱性水溶液中，经离心分离后（3000 r/min，20 min）除去不溶物，收集富含蛋白的上清液。用15%的盐酸溶液调节上清液pH，达到紫苏籽蛋白的等电点pH 4.4，紫苏籽蛋白沉淀出来，酸沉30 min，离心分离除去乳清水（3000 r/min，20 min）得紫苏籽蛋白沉淀。将酸沉后的紫苏籽蛋白沉淀用水洗涤，再适量加碱液中和，水洗3 ～5次至pH为中性，真空低温干燥后粉碎过125 μm筛，或经喷雾干燥后得到紫苏籽蛋白产品。该工艺制备紫苏籽蛋白的提取率为24.5%，产品蛋白质含量为91.52%。

2. 闪式提取工艺提取紫苏籽蛋白

闪式提取工艺是利用高速剪切头形成高强度的剪切力，植物细胞被迅速破壁，并利用强力搅拌，使溶剂快速渗透，有效成分迅速扩散，具有提取时间短、温度低、无辐射风险的优点。紫苏籽蛋白的闪式提取工艺的最优参数为料液比 1∶20，pH 10，时间 30 s，闪提时强力搅拌转速 3000 r/min。在此工艺条件下紫苏籽蛋白的提取率可达到 46.54%。对紫苏籽蛋白的提取影响较大的因素是 pH。

闪式提取后蛋白酶解物经超滤、DEAE-32 离子交换层析和 Sephadex G-25 凝胶层析三步分离纯化；经超滤处理可以除去多数植酸及杂质，且在处理过程中蛋白没有变性，所以可以利用超滤处理来进一步纯化紫苏籽蛋白。超滤后相对分子质量＜3000 的组分比直接酶解物和相对分子质量＞3000 的其他超滤组分表现出更好的抗氧化性。经分离纯化后，抗氧化肽 G1 组分的 DPPH 自由基、ABTS 自由基、超氧阴离子自由基、羟基自由基的清除率及铁离子还原能力分别为 98.97%、85.11%、91.83%、93.40%、0.477，纯化倍数分别为 1.33、1.45、1.41、1.56、1.52；通过色谱 - 质谱鉴定，抗氧化肽 G1 组分主要由 15 个氨基酸组成，质荷比（*m*/*z*）为 672.39，相对分子质量为 1718.82，其氨基酸序列为：Glu-Met-Pro-Tur-Ile-Ala-Ser-Met-Gly-Ile-Tyr-Val-Val-Ser-Lys，其较强的抗氧化性得益于 G1 中存在疏水性氨基酸残基 Ile、Pro、Tyr、Ala、Val。

3. 超声辅助闪式提取紫苏籽蛋白

超声提取是利用声波产生高速强烈的空化效应，通过破坏物料的细胞，使溶剂渗透到物料细胞中，缩短提取时间，提高提取率。超声辅助闪式提取紫苏籽蛋白的流程如下：紫苏籽粕经去杂、粉碎、过筛、脱脂后，配制成一定料液比，调节 pH 进行超声辅助闪式提取，离心机去渣，取上清液调节 pH 为等电点后再离心获取蛋白沉淀，经真空冷冻干燥后密封低温保存。超声辅助闪式提取时的基础提取条件为：料液比 1∶20，碱提温度 40℃，时间 30 min，pH 10，闪提时搅拌转速 3000 r/min。超声辅助闪式提取紫苏籽蛋白的提取率为（53.85 ± 0.21）%，纯度为 91.3%，紫苏籽蛋白的相对分子质量均为 14400 ～ 50000。虽然超声辅助提取紫苏籽蛋白所需的时间为闪式提取所需时间的 40 倍，但超声辅助提取的紫苏籽蛋白在功能性质方面相比仅由闪式提取的更有优势，而且紫苏籽蛋白的种类多于闪式提取的紫苏籽蛋白的种类。此外，超声辅助提取的紫苏籽蛋白比仅由闪式提取的有更好的自由基清除能力、还原力、溶解性、持水性、乳化性、乳化稳定性、起泡性和起泡稳定性。

4. 微波法辅助提取紫苏籽蛋白

最适宜条件为：pH 10.0，固液比 1∶10，微波时间 8 min，微波功率 200 W。研究表明，该条件下的粗蛋白提取率较高，脱脂紫苏籽粕粉的蛋白提取率和含量分别为 25.85% 及 43.01%，超滤后，蛋白提取率和含量分别为 46.90% 和 91.74%。

5. 超声波和微波协同辅助法提取紫苏籽蛋白

提取条件为：超声波功率 50 W，pH 10，微波功率 200 W，微波时间 20 min。此条件下提取的蛋白质有效成分为 33.43%。

6. 酶法辅助提取紫苏籽蛋白

此方法是用酶将紫苏籽粕粉中的蛋白与纤维素等分离后再用等电点法提取。使用纤维素酶法辅助提取工艺流程如下：称取脱脂紫苏籽粕粉，加入去离子水与纤维素酶；最佳工艺条件为 pH 5.0，反应时间 50 min，反应温度 55℃，纤维素酶质量分数 3.0%；加热搅拌浸提一定时间后，使蛋白与纤维素分离；加入氢氧化钠溶液调节 pH 至 9.0，离心 20 min 后取上清液，缓慢加入 10% 盐酸溶液，使 pH 达到等电点 4.4，再次离心 20 min，除去上清液，沉淀物即为紫苏籽蛋白提取物。在此条件下纤维素酶法辅助提取紫苏籽蛋白的得率为 38.2%，纯度为 84.5%，提取率可达到 86.5%。

7. 紫苏籽粕粉次氯酸钠法脱臭工艺

紫苏籽蛋白本身有令人不愉快的气味，所以长期以来尚未得到很好的利用。因此，利用紫苏籽粕粉作为食品工业原料时，一定要对紫苏籽粕粉进行脱臭处理。一般气味物质的成分大都是低分子脂肪酸、胺类、醛类、酮类、醚类，以及脂肪族的、芳香族的、杂环的氮或硫化物，带有活性基团的这些物质在液相中易被生物氧化，当活性基团被氧化后，气味就消失了。因此，使用次氯酸钠为脱臭剂，水解形成次氯酸，次氯酸再进一步分解形成新生态氧，可以脱除紫苏籽粕粉中的不良气味。

（三）紫苏籽中不同蛋白组分的功能性质

紫苏籽蛋白相对于其他植物蛋白，具有相对全面且较好的物理和化学性质，具备食品应用的开发潜质，能够在食品行业中得到较好的应用。紫苏籽蛋白的功能性受pH因素影响较大。清蛋白的溶解性、持水性、持油性、乳化性较好；球蛋白的氨基酸组成较为合理，巯基含量相对较高，起泡稳定性最好；谷蛋白的起泡性和乳化稳定性表现最好，二硫键含量较高。紫苏籽蛋白中包含了三种蛋白的所有条带，并且所有性质均处在分级蛋白的范围之间，因此实际应用中可以根据不同性质的需要选择相应的蛋白。

以大豆分离蛋白为对照，研究了紫苏籽蛋白的功能特性。结果表明，紫苏籽蛋白与大豆分离蛋白的溶解性随pH变化的趋势基本一致，在等电点下紫苏籽蛋白的溶解性远高于大豆分离蛋白。在紫苏籽蛋白的浓度为3%以上时，其乳化稳定性与大豆分离蛋白的乳化稳定性基本相当。但在pH为7.0时，紫苏籽蛋白的持水性、起泡性、泡沫稳定性、乳化性和凝胶性均不及大豆分离蛋白。紫苏籽蛋白的吸油性仅稍小于大豆分离蛋白。紫苏籽蛋白在食品加工中作为一种蛋白质强化剂具有较大的潜力。

1. 紫苏籽不同蛋白组分的提取

采用碱溶酸沉法提取紫苏籽蛋白，浓缩得到的紫苏籽浓缩蛋白并不是单一的纯蛋白质，而是混合蛋白质（包括亚基）；其蛋白质（或亚基）相对分子质量主要分布于三个范围，即19100～22140、32900～36200和54900左右。采用奥斯本-门德尔（Osborne-Mendel）分级法可将谷物蛋白分为溶于水、加热凝固的清蛋白；不溶于水、溶于中性稀盐溶液、加热凝固并为有机溶剂所沉淀的球蛋白类。由此分级法可提取紫苏籽清蛋白和球蛋白，并研究了其与分离蛋白的氨基酸组成及持水性、溶解性、乳化性等功能特性。

2. 提取清蛋白和球蛋白

采用奥斯本 - 门德尔分级法可提取清蛋白和球蛋白。将紫苏籽脱脂粉与去离子水按料液比 1∶12 混合后充分搅拌 2 h，于 4℃下以 10000 r/min 的转速离心 30 min，重复提取 2 次，取上清液（沉淀收集用于提取球蛋白）。调节上清液 pH 为 4，静置 30 min，于 4℃下以 10000 r/min 的转速离心 15 min，取沉淀复溶后再调 pH 至中性，透析 2 天，冻干得紫苏籽清蛋白。将清蛋白提取时收集的沉淀用 2% 的氯化钠溶液按料液比 1∶12 混合搅拌 2 h，冷却到 4℃下以 10000 r/min 的转速离心 15 min，重复提取 2 次，合并上清液，用盐酸调节上清液 pH 为 4，静置 30 min，于 4℃下以 10000 r/min 转速离心 15 min，取沉淀复溶，调 pH 至中性，透析 2 天后冻干，即得紫苏籽球蛋白。

3. 清蛋白、球蛋白和分离蛋白的功能性质

清蛋白和球蛋白的亚基组成相近，分离蛋白的热变性温度稍高于其他两种蛋白，具有较好的热稳定性；清蛋白的持水性和持油性较好，高于其他两种蛋白。在 pH 为 1 ～ 10 时，三种蛋白的溶解性均呈现出 U 形变化趋势，其中球蛋白的溶解性最好；在 pH 为 2 ～ 9，球蛋白的乳化性及乳化稳定性均优于其他两种蛋白。

（四）蛋白质含量的测定

凯氏定氮法被国内外视为蛋白质含量的标准检验方法，可作为衡量其他蛋白质含量检测方法准确性的标准。

1. 紫苏籽粕脱脂前处理

将紫苏籽粕盛入 1 L 大烧杯中，加入 2 ～ 3 倍体积的 30 ～ 60℃沸程的石油醚搅拌浸提 30 min，待静止分层后去除石油醚 - 油层，剩余籽粕固体置于通风橱内通风脱溶，使石油醚挥发，如此重复浸提 3 次即得脱脂紫苏籽粕，真空低温干燥后过 178 μm 筛，在 4℃保存备用。

2. 凯氏定氮法

蛋白质为含氮的有机化合物，样品与硫酸铜、硫酸钾一同加热消

化，使蛋白质分解，分解的氨与硫酸结合生成硫酸铵，然后碱化蒸馏使氨游离，用硼酸液吸收后以盐酸滴定液进行滴定，根据酸的消耗量算出含氮量，再将含氮量乘以换算系数，即为蛋白质的含量。具体操作按《食品安全国家标准 食品中蛋白质的测定》（GB/T 5009.5—2016）：称取均匀混合样品 1 g 至干燥的消化管中，加入 0.20 g 硫酸铜、6.0 g 硫酸钾和 20 mL 浓硫酸，220℃加热消化。消化液澄清透明后，冷却定容，以空白实验为对照计算样品中蛋白质含量。虽然可以使用全自动凯氏定氮仪测定，结果准确可靠，但全部测定需用时 3 ～ 4 h，操作步骤烦琐，并不是目前进行蛋白质定量分析的首选方法。可将凯氏定氮法所测得的结果作为参考值，与其他蛋白质定量法测定所得到的结果进行比较筛选，从而在保证测定结果准确的前提下得到高效的测定紫苏籽蛋白中蛋白质含量的方法。凯氏定氮法测定紫苏籽蛋白的蛋白质含量为（86.52 ± 0.51）%。采用凯氏定氮法和高效液相色谱法分别测定紫苏籽中的总蛋白质含量和氨基酸组分含量，总蛋白质含量为 16.5% ～ 20.02%，氨基酸总量为 158.02 ～ 161.16 mg/g，其中必需氨基酸占氨基酸总量的 24.25% ～ 24.89%。

3. 考马斯亮蓝法

考马斯亮蓝法是依据在酸性溶液中考马斯亮蓝 G-250 与蛋白质分子中的碱性氨基酸（精氨酸）和芳香族氨基酸结合形成蓝色复合物的方法，在一定线性范围内其颜色深浅与蛋白质质量浓度呈正比。此法精确度高、重现性好、消耗样品量少、用时短、操作简单，可以准确简便地测定紫苏籽蛋白中的蛋白质含量。

（1）标准曲线的绘制。根据试剂盒操作说明，取 0、10、20、30、40、50、60 μL 牛血清白蛋白标准溶液（1 mg/mL）于 5 mL 离心管中，加入磷酸盐缓冲液补足到 150 μL 后，加入 2.85 mL 考马斯亮蓝染液，混匀，室温放置 5 ～ 10 min，于波长 595 nm 下测定吸光度值。以吸光度值对牛血清白蛋白的质量浓度作图，得到牛血清白蛋白标准曲线。

（2）紫苏籽蛋白中蛋白质含量的测定。称取 10 mg 紫苏籽蛋白溶于 50 mL 蒸馏水中，制成 0.2 mg/mL 紫苏籽蛋白待测溶液。取此蛋白待测溶液 150 μL，加入 2.85 mL 考马斯亮蓝染液，混匀，室温放置 5 ～ 10 min，于波长 595 nm 下测定吸光度值，并代入标准曲线方程计算蛋白质的质量浓度。若所得蛋白质的质量浓度不在标准曲线范围内，稀释待测溶液后重新测定。

（五）蛋白质性质的测定

植物蛋白的溶解性是蛋白质最重要的一个功能特性，而蛋白质其他的功能特性如乳化性、起泡性、凝胶性等都与溶解性有关。蛋白质的溶解性除与本身的氨基酸组成和结构有关外，还与溶液的 pH、温度、离子强度等有密切联系。紫苏籽蛋白的溶解性在 pH 4 ～ 5 时最低，这与大豆分离蛋白相似。蛋白质中的氨基酸的疏水性和离子性是影响蛋白质溶解性的关键因素：疏水作用对蛋白质与蛋白质之间的相互作用有增强的效果，导致蛋白质在水中的溶解度降低；离子相互作用则有利于蛋白质与水之间的相互作用，可使蛋白质较好地分散在水中，从而提高了蛋白质在水中的溶解度。紫苏籽蛋白在等电点 pH 4.4 时的氮溶解指数（NSI）为 25.5%，比大豆分离蛋白在其等电点 pH 4.6 时的氮溶解指数（7.1%）要高，说明紫苏籽蛋白氨基酸的离子相互作用比大豆分离蛋白强。偏离等电点时，两种蛋白的溶解性都增大。但紫苏籽蛋白在 pH 7.0 时，氮溶解指数仅为 54.7%，在 pH 8 以后氮溶解指数才急剧上升。而大豆分离蛋白在 pH 7.0 时，氮溶解指数已达到 84.1%。在 pH 6 以后大豆分离蛋白的氮溶解指数始终高于紫苏籽蛋白，在达到 pH 11 之后，溶解趋于平衡时，二者氮溶解指数基本一致。而在 pH 4 之前，二者氮溶解指数相差不大。

1. 蛋白溶解性的测定

采用双缩脲法测定。将称取的 1 g 蛋白质产品溶解于 100 mL 蒸馏水中，配制成 1 g/100 mL 的蛋白溶液，调节 pH 至一定值，室温振荡 120 min 后，在 4000 r/min 转速下离心 20 min。取上清液 1.0 mL 置于试管内，加入双缩脲试剂 4.0 mL，混合均匀后在室温静置 30 min，以蒸馏水作参比，于波长 540 nm 处进行比色测定，对照标准曲线，经计算得样品溶液的蛋白质含量。氮溶解指数计算方法为：NSI（%）= 溶液中蛋白质含量 ÷ 样品中蛋白质含量 ×100%。

2. 持水性的测定

向 10 g 干试样中加水 200 mL，搅拌均匀后放置 20 min 使之充分吸水，在 1500 r/min 转速下离心分离 5 min，去除水，测定残留物的质量。持水性以每克蛋白样品（干质量）吸附水的克数表示，计算方法为：持水性（g/g）=（离心后残留物质量－试样干质量）÷ 试样干质量。

持水性测定结果：pH 的变化影响蛋白质分子的解离和净电荷量，因而可改变蛋白质分子间的相互吸引力、排斥力及其与水缔合的能力。在 pH 4 ～ 8 时，蛋白质产品的持水性都随 pH 的增大而增大。在同一 pH 时，大豆分离蛋白的持水性比紫苏籽蛋白的持水性要好，如在 pH 7.0 时，大豆分离蛋白的持水性为 6.6 g/g，紫苏籽蛋白的持水性为 3.57 g/g。

3. 吸油性的测定

称取 0.5 g 蛋白质样品于刻度离心管中，加入 5 mL 油，混匀 1 min 后，在一定的温度下静置 30 min，在 4000 r/min 转速下离心 30 min，测定其上清液体积，扣除后即为蛋白质样品吸油量。计算方法为：吸油量（mL/g）=（5－离心后油的体积）÷ 换算为干物质试样质量。

吸油性测定结果：吸油性是蛋白质与油结合并吸附油的能力。影响吸油性的因素有蛋白质的加工方法、粒度、温度及油脂种类等。随着温度的升高，蛋白质的吸油性下降。这是由于温度升高，油的黏度降低，流动性增强，减弱了与蛋白质分子的结合，最后导致蛋白质吸油性下降。与大豆分离蛋白相比较，在同一温度下，紫苏籽蛋白的吸油性稍小。

4. 起泡性与泡沫稳定性的测定

将一定量的蛋白质溶解到 100 mL 蒸馏水中，调节至一定 pH，然后在 10000 r/min 转速左右的组织捣碎机中均质 2 min，记录均质停止时的泡沫体积。起泡性计算方法为：起泡性（%）= 均质停止时泡沫体积 ×100%。根据记录均质停止 10 min、30 min 后的泡沫体积，来衡量泡沫稳定性。

蛋白质的起泡性和泡沫稳定性都随蛋白质质量浓度的增大而增大。蛋白质的起泡性在很大程度上与蛋白质的溶解性有关。在 pH 7.0 时，紫苏籽蛋白的溶解性（54.7%）比大豆分离蛋白的溶解性（84.1%）小，故在 pH 7.0，同一蛋白质质量浓度时，紫苏籽蛋白的起泡能力比大豆分离蛋白的起泡能力弱。

5. 乳化性与乳化稳定性的测定

紫苏籽蛋白的乳化性一般不及大豆分离蛋白，但是紫苏籽蛋白的蛋白质质量浓度大于 3 g/100 mL 时，其乳化稳定性与大豆分离蛋白的乳化稳定性相当。大豆分离蛋白在 pH 7.0 的条件下，蛋白质质量浓度为 12 g/100 mL 即可形成凝胶，而紫苏籽蛋白不能形成凝胶。原因可能是在 pH 7.0 时，紫苏籽蛋白的溶解性较差而不能形成凝胶。调节 pH 至 8.0，在蛋白质质量浓度为 10 g/100 mL 时，紫苏籽蛋白即可形成凝胶，但不能自持，而当蛋白质质量浓度为 12 g/100 mL 时可形成凝胶，且能自持。

乳化性的测定：称取一定量的蛋白产品溶于 50 mL 蒸馏水中，调节 pH 为 7.0，加入 50 mL 花生油，在高速组织捣碎机中均质（10000 ~ 12000 r/min）2 min，再在 1500 r/min 转速下离心 5 min，计算乳化性方法为：乳化性 = 离心管中乳化层高度 ÷ 离心管乳化前高度。

乳化稳定性的测定：将上述样品置于 80℃水浴 30 min 后，冷却至室温，再在 1500 r/min 转速下离心 5 min，测出此时的乳化层高度，计算乳化稳定性方法为：乳化稳定性 =30 min 后乳化层高度 ÷ 初始时的乳化层高度。

（六）紫苏籽蛋白的生物活性

研究发现，紫苏籽蛋白可显著提高免疫低下小鼠 T/B 淋巴细胞的增殖、半数溶血值（HC_{50}）、自然杀伤细胞杀伤力、巨噬细胞吞噬能力、血清白细胞介素-2（一种白细胞介素，是免疫系统中的一类细胞生长因子）含量，发挥较强的免疫调节作用。

1. 抗氧化性

当蛋白质质量浓度达到1 mg/mL时，紫苏籽蛋白对DPPH自由基、ABTS自由基、羟基自由基、超氧阴离子自由基的清除率及铁离子还原能力达到71.09%、18.14%、18.83%、22%和27.1%。

2. 免疫调节及抗肿瘤活性

采用腹腔注射环磷酰胺建立了免疫低下小鼠模型，通过检测紫苏籽蛋白对小鼠脏器指数、T/B淋巴细胞增殖、血清溶血素、自然杀伤细胞杀伤力、吞噬指数、血清白细胞介素-2和免疫球蛋白G含量的影响，研究紫苏籽蛋白对免疫低下小鼠免疫系统的调节作用。结果表明，连续28天灌胃紫苏籽蛋白后，小鼠的脾脏指数和胸腺指数均增加，有效遏制了环磷酰胺引起的免疫低下；紫苏籽蛋白对免疫低下小鼠免疫系统的调节效果随着紫苏籽蛋白浓度的增加呈先增加后降低趋势；适量摄入紫苏籽蛋白可增强免疫力，但过量则会起反作用。

（七）紫苏籽蛋白氨基酸含量的测定

称取适量紫苏籽蛋白用6 mol/L的盐酸于110℃水解24 h，使蛋白质水解，真空干燥器去酸，加去离子水定容至25 mL，冷冻保存。分别取20 μL氨基酸标准液和样品水解液置于2 mL的微量离心管中，加入70 μL的邻苯二甲醛衍生剂A和10 μL的FMOC（芴甲氧羰基）衍生剂B，振荡2 min后，经0.2 μm过滤膜过滤后进样。色谱分析，样品中氨基酸色谱峰如果与标准氨基酸色谱峰保留时间相同或相近，则认为样品中含有此氨基酸。样品定量采用标准曲线法，即配制一定浓度氨基酸混合溶液，得出各氨基酸与其峰面积之间的线性回归方程，在相同色谱分析条件下，对样品中氨基酸进行分析，根据峰面积与线性回归方程得出样品中氨基酸浓度。

氨基酸含量的测定也可使用氨基酸自动分析仪进行分析。盐酸水解法测色氨酸以外的氨基酸，色氨酸经碱水解后测定。

（八）紫苏籽肽

肽是由两个或两个以上的氨基酸脱水而成的两性化合物。一个氨基酸的氨基与另一个氨基酸的羧基可以缩合成肽，形成的酰胺基在蛋白质化学中称为肽键。肽键是由一个氨基酸的 α-氨基与另一个氨基酸的 α-羧基失水后形成的共价键，失水后的氨基酸称为氨基酸残基。多个肽进行多级折叠就组成一个蛋白质分子。二肽由两个氨基酸残基组成，含一个肽键；三肽由三个氨基酸残基组成，含两个肽键。以下可类推，*n* 肽含 *n* 个氨基酸残基，*n*-1 个肽键。一般氨基酸残基数目为 2 ～ 20 的肽为寡肽，大于 20 的肽为多肽，50 或 50 以上的肽即为蛋白质。蛋白质部分水解可形成长短不一的肽段。人体中很多活性物质都是以肽的形式存在的，涉及激素、神经、细胞生长和生殖等各个领域，生命活动中的细胞分化、神经激素递质调节、肿瘤病变、免疫调节等均与活性多肽密切相关。已发现存在于生物体的多肽有数万种，每种肽都有自己特定的生物活性和用处，它们可调节体内各个系统和细胞的生理功能，激活体内有关酶系，促进中间代谢膜的通透性，通过控制 DNA 转录或影响特异的蛋白质合成，最终产生特定的生理效应。一条多肽链通常一端有一个自由氨基，在另一端有一个自由的羧基，若两个末端基团连在一起则成为环肽。

植物蛋白通常可以使用蛋白酶将其水解成生物活性肽。紫苏籽蛋白含量丰富、氨基酸组成全面，用多种蛋白酶水解，可以得到多种具有生物活性的紫苏籽肽，具有巨大的开发利用价值。利用酶解技术由紫苏籽蛋白制备的紫苏籽肽，已发现具有增加机体糖原积累、抗疲劳等功效。将紫苏籽粕提取蛋白分步水解，可得到 F 值达 79.25 的低聚肽（F 值是指寡肽分子支链氨基酸与芳香族氨基酸的摩尔比值）。采用大小排阻色谱法和反相高效液相色谱法从用碱性蛋白酶水解紫苏籽粕后的水解液中已分离纯化出两种抗氧化性较强的多肽，相对分子质量分别为 294.33 和

328.33，经鉴定后分别为 Tyr-Leu（YL）和 Phe-Tyr（FY）。这两种多肽可以有效清除 DPPH 自由基、ABTS 自由基与羟基自由基，有较高的氧自由基吸收能力，可以抑制大鼠肝脏的脂质过氧化，且对过氧化氢诱导的 HepG-2 细胞氧化损伤具有保护作用，无细胞毒性。

由多种肽链连接起来的蛋白质长链中，蕴藏着许多生物活性肽，由于受到膳食摄入量及消化道水解中消化酶种类的限制，蛋白质不能释放出相当浓度并具有特定生理功能的活性肽。当采用适当的蛋白酶对蛋白进行体外水解时，许多生物活性肽就被释放出来，并以完整的形式被直接吸收而进入血液循环，参与人体的代谢及免疫调节活动。生物活性肽由于其特殊的生理生化性质，极易被人体吸收利用，尤其是由 2 ～ 7 个氨基酸组成的小分子肽与游离氨基酸的吸收转移系统不同，这类小分子肽能够直接被完整地吸收进入血液循环系统，避免了氨基酸之间的吸收竞争，吸收速度比游离氨基酸和蛋白质快 2 ～ 3 倍，而且只有进入血液循环中的生物活性肽才能发挥其抗氧化、抗菌、抗癌、降血压和提高人体免疫力等生理功能。通过对紫苏籽粕中的蛋白进行酶解制备紫苏籽蛋白肽不仅可以提高紫苏籽的附加值，而且可以解决蛋白质资源浪费问题。紫苏籽肽已获得科研人员的重视，下面将简要介绍紫苏籽肽的一些研究成果。

（九）紫苏籽抗菌肽

将紫苏籽蛋白通过碱性蛋白酶水解可得到对大肠杆菌等菌株均具有抑制作用的广谱抗菌肽。广谱抗菌实验表明，由此制备的紫苏籽抗菌肽对沙门氏菌、枯草芽孢杆菌和金黄色葡萄球菌均有抑制作用。

1. 紫苏籽抗菌肽的制备

以紫苏籽蛋白为原料，通过碱性蛋白酶水解制备紫苏籽抗菌肽。底物浓度 4.2 g/100 mL，按 69 μL/g 加入碱性蛋白酶，加酶量 6.89%，pH 8.93，酶解温度 53℃。初始 pH 用氢氧化钠溶液维持，酶解时间 4 h。酶解反应结束时，在 90℃灭酶 15 min，水浴冷却，5000 r/min 离心 10 min，取上清液进行冷冻干燥，4℃保存备用。在酶解过程中，随着水解时间的延长，紫苏籽蛋白的水解度逐渐增加，抗菌效果逐渐加强，最后趋于稳定。水解度是指蛋白质中被水解的肽键占总肽键的百分比。紫苏籽抗菌肽至少在水解 7 h 的时间内，抗菌效果和水解度呈正相关关系。与水解度趋势不同的是，在水解 180 min 后，紫苏籽抗菌肽的抗菌效果增速趋于缓慢，最后趋于稳定。这可能是因为随着酶解反应的进行，蛋白质分子被酶不断水解成较小肽链，而根据以往的研究，抗菌肽一般为 12 ～ 100 个氨基酸残基的肽链，所以随着酶解的进行，紫苏籽抗菌肽的抗菌效果逐渐加强，然而当酶解继续进行时，抗菌肽可能被进一步水解成更小的寡肽或氨基酸，抗菌效果增速降低。

2. 紫苏籽抗菌肽的广谱抑菌性

在最佳工艺条件下得到的紫苏籽抗菌肽的抗菌效果和水解度呈正相关性关系，对革兰氏阴性菌大肠杆菌和鼠伤寒沙门菌，革兰氏阳性菌金黄色葡萄球菌和枯草芽孢杆菌的生长均具有抑制作用，具有广谱抑菌性，并且在 pH 9.0 左右的抗菌效果最好，得到的抑菌圈直径为（19.6 ± 1.1）mm。紫苏籽抗菌肽作为一种潜在的抗菌肽在未来的实际应用中具有很大的潜力。

（十）紫苏籽抗氧化肽的制备与纯化

蛋白酶可水解蛋白质中的肽键，由于酶的特异性及酶切肽键位点存在差异，不同蛋白酶酶解紫苏籽粗蛋白会获得不同一级结构的多肽，其抗氧化性也会存在差异。若采用两种或三种蛋白酶协同酶解蛋白制备生物活性肽，多酶酶解有可能将原有抗氧化性强的多肽进一步水解成抗氧化性较弱的寡肽和氨基，故一般不采用多酶协同酶解制备紫苏籽抗氧化肽。

1. 丝氨酸蛋白酶

丝氨酸蛋白酶是一种碱性蛋白酶，酶的激活是通过活性中心一组含有丝氨酸的氨基酸残基变化而实现的。丝氨酸蛋白酶水解蛋白质时，要求肽键的羧端为疏水性氨基酸，酪蛋白中蛋氨酸、亮氨酸、谷氨酸等羧端肽键易被丝氨酸蛋白酶裂解。胰分泌的酶里面的糜蛋白酶、胰蛋白酶、弹性蛋白酶都是丝氨酸蛋白酶。紫苏籽蛋白的丝氨酸蛋白酶酶解产物具有最高的水解度（25.18%）和DPPH自由基的清除率（71.95%）。研究抗氧化肽构效关系发现，多肽若在其N端或C端存在疏水性氨基酸会具有更好的抗氧化性。丝氨酸蛋白酶是水解紫苏籽蛋白的最适酶。对酶解液的水解度可采用甲醛滴定法测定。

2. 紫苏籽抗氧化肽的最佳酶解条件

操作时酶解最佳条件为：酶解时间5 h，加酶量3000 U/g，pH 9.80，温度50℃。此条件下DPPH自由基理论清除率为76.81%，进行3次验证实验，测得实际DPPH自由基清除率为73.64%。

3. 紫苏籽抗氧化肽的分离纯化

通过闪式提取工艺提取的紫苏籽蛋白，选取碱性蛋白酶对其进行酶解，可采用超滤法、DEAE纤维素DE-32离子交换层析以及Sephadex G-25凝胶层析对酶解物进行分离纯化，并对分离纯化后的多肽组分进行抗氧化性跟踪测定，筛选出抗氧化性较强的组分，并测定其相对分子质量及氨基酸序列。

（1）超滤法分离抗氧化肽。使用装有截留相对分子质量为3000、5000、10000的聚醚砜超滤膜，在二氧化碳压力为2.5×10^4 Pa下依次对紫苏籽蛋白酶解液进行超滤，分别得到小于3000、3～5000、5～10000以及大于10000的4种不同相对分子质量段的超滤组分，真空冷冻干燥以测定抗氧化性，获得抗氧化性最强的紫苏籽多肽超滤组分。

（2）DEAE纤维素DE-32离子交换层析分离抗氧化肽。将所得到的抗氧化性最强的多肽超滤组分，利用DEAE纤维素DE-32离子交换层析继续分离纯化，选用20 mm×400 mm规格的层析柱，用50 mmol/L Tris-盐酸盐（pH 8）的缓冲液平衡柱床，上样量为3 mL，用0～1 mol/L氯化钠平衡缓冲液进行梯度洗脱，流速为1.5 mL/min，紫外检测波长 220 nm。将所得分离组分冷冻干燥以测定抗氧化性，筛选出抗氧化性最好的组分用于后续凝胶色谱的分离纯化。

（3）Sephadex G-25 凝胶层析分离抗氧化肽。使用凝胶色谱 Sephadex G-25 继续分离纯化经离子交换层析分离获得的抗氧化性最好的多肽组分，选用 16 mm×300 mm 规格的层析柱，洗脱条件为：100 mmol/L Tris-盐酸盐（pH 7.5）的平衡缓冲溶液，上样量 3 mL，洗脱流速 0.5 mL/min，紫外检测波长 220 nm。分离纯化后的组分冷冻干燥以测定其抗氧化性，将抗氧化能力最强的组分进行结构鉴定。

（十一）几种紫苏籽抗氧化肽

紫苏籽蛋白经蛋白酶酶解后得到的紫苏籽多肽对 DPPH 自由基的清除率可达 73.64%，具有很强的抗氧化性。对不同来源的 42 种抗氧化肽进行分析，发现相对分子质量在 1000 以下的三肽至六肽具有更好的自由基清除活性。

1. 抗氧化二肽

CN201610891732.3 公开了一种紫苏籽抗氧化二肽及其制备方法与应用。该抗氧化二肽序列为 Phe-Tyr（FY），体外实验表明，该肽可以有效清除 ABTS 自由基和活性氧自由基。同时，该肽能够有效抑制亚油酸及鼠肝脂质过氧化。经过细胞实验证明，该肽在低浓度下对细胞是安全的，且对细胞的氧化损伤具有明显的保护作用；当用高浓度的抗氧化二肽处理 HepG-2 细胞时，显示出明显的癌细胞抑制作用。本发明所涉及的抗氧化二肽具有结构简单和抗氧化性强等特点，可作为现有人工合成抗氧化剂的优良替代，在新型抗氧化保健品和食品添加剂的开发与应用方面具有重要价值。CN201610891731.9 公开了一种紫苏籽抗氧化肽及其应用。该抗氧化肽序列为 Tyr-Leu（YL），体外实验表明，该肽可以有效清除 ABTS 自由基以及各种活性氧自由基等。同时，该肽能够有效抑制亚油酸及鼠肝脂质过氧化。

2. 抗氧化七肽

CN201610891733.8 提供了一种紫苏籽抗氧化七肽及其制备方法。该抗氧化七肽序列为 Ser-Gly-Pro-Val-Gly-Leu-Trp（SGPVGLW）。体外实验表明，该多肽可以有效清除 ABTS 自由基和活性氧自由基。同时，此肽能够有效抑制亚油酸及鼠肝脂质过氧化。

3. 一次获得4个抗氧化肽

采用生物酶酶解紫苏籽蛋白，分离纯化得到一种含有 7 个氨基酸的抗氧化多肽，相对分子质量为 716.77，纯度为 98.6%。采用碱提酸沉法从紫苏籽粕中提取蛋白，经碱性蛋白酶水解后以 DPPH 自由基清除率为指标对酶解产物进行分离纯化，得到 4 个具有较高活性的抗氧化肽，氨基酸组成分别为：Ser-Gly-Pro-Val-Gly-Leu-Trp、Tyr-Leu、Phe-Tyr、Phe-Asp-Ala-Asp-Ser。经体外抗氧化模型检测 4 个抗氧化肽均有不同程度的抗氧化性，可以有效清除自由基。采用超滤法和凝胶层析法对紫苏籽蛋白酶解产物进行分离纯化，通过抗氧化性分析筛选出一种高抗氧化的紫苏籽多肽，命名为 PSP3c（七肽序列为 Ala-Ser-Pro-Gly-Leu-Trp-Ser，相对分子质量为 716.77）。对其进行抗肿瘤及免疫调节实验，结果表明，PSP3c 的存在能够激活肿瘤细胞中 Caspase-3 基因的表达，从而使细胞进入凋亡途径，最终导致细胞凋亡；能够修复癌细胞导致的免疫器官损伤，从而抑制癌细胞增殖；还可通过提高小鼠抗氧化能力来抑制癌细胞增殖。

4. 可降血压的紫苏籽抗氧化肽

CN201410091401.2 报道了一种具有降血压作用的紫苏籽抗氧化肽的制作方法：将脱皮榨油后的紫苏籽粕粉碎，加水配成质量分数为 2% ～ 10% 的悬浮液，加入的蛋白酶与底物质量比为 1% ～ 5%，在 pH 7 ～ 9、温度 40 ～ 60℃的条件下，酶解 0.5 ～ 4 h；然后将酶解液置于 100℃水浴中加热 15 ～ 30 min 使酶失活后离心、过滤，将得到的上清液浓度调整至 20 mg/mL，经 Sephadex G-15 进行脱盐及初步纯化，上样量 2 ～ 5 mL，色谱柱规格为 1.6 cm×60 cm，洗脱液为超纯水，洗脱速度 1 mL/min，检测波长 220 nm；透过液喷雾干燥或冷冻干燥即获得紫苏籽抗氧化肽。由此提供的紫苏籽抗氧化肽制备的咀嚼片能较好保持紫苏籽抗氧化肽的营养价值及活性，易于吸收，且具有降血压、抗氧化等生理功能。

5. 紫苏籽抗氧化十五肽的制备和分析

紫苏籽抗氧化十五肽的制备工艺流程为：紫苏籽→脱脂→浸提→离心→取上清液→酸沉→冷冻干燥→紫苏籽粗蛋白干粉→按一定料液比溶解→调 pH →酶解→浸提→ 100℃灭酶 10 min →离心→取上清液→紫苏籽抗氧化十五肽。此紫苏籽抗氧化十五肽氨基酸序列可通过液相色谱 - 质谱分析：将蛋白酶水解蛋白液经液相色谱分离，分离后的肽段直接进入质谱仪进行鉴定；通过鉴定，质谱数据表明该肽段由 15 个氨基酸组成，*m*/*z* 为 672.39，相对分子质量为 1718.82，为十五肽，其氨基酸序列为：Glu-Met-Pro-Tyr-Ile-Ala-Ser-Met-Gly-Ile-Tyr-Val-Val-Ser-Lys。

（十二）紫苏籽抗氧化肽的活性

较短的肽（5 ～ 16 个氨基酸）比相对分子质量较大的多肽表现出更强的抗氧化性，这是因为它具有更好的穿过肠道屏障的能力，并且与自由基的相互作用更容易。一些氨基酸对于肽的抗氧化性至关重要，含有疏水性氨基酸的肽有助于其脂质溶解度的增加，从而有助于增加其抗氧化性。此外，疏水性氨基酸能够通过疏水性缔合促进肽进入靶器官，便于其发挥抗氧化特性。因此，经纯化获得的抗氧化肽 G1 组分中存在的疏水性氨基酸残基异亮氨酸、脯氨酸、酪氨酸、丙氨酸、缬氨酸，在抗氧化肽有效清除自由基的过程中起到了重要的作用。

1. 抗氧化性测定

紫苏籽粗蛋白通过最优酶解条件所得的多肽液经冷冻干燥后测定其抗氧化性。当紫苏籽多肽质量浓度为 1.0 mg/mL 时，DPPH 自由基清除率达 89.15%，同等质量浓度下谷胱甘肽的清除率为 93.13%。说明在此酶解条件下获得的紫苏籽多肽与谷胱甘肽的抗氧化性相当。

通过比较不同的蛋白酶酶解紫苏籽蛋白，可知紫苏籽蛋白经碱性蛋白酶酶解后具有更高的水解度和抗氧化性。影响紫苏籽蛋白酶解液DPPH自由基清除率的各因素主次顺序是：加酶量＞酶解时间＞pH。在最优条件下，DPPH自由基清除率为73.64%。质量浓度为1.0 mg/mL的紫苏籽多肽DPPH自由基清除率达89.15%，可见在最优酶解条件下获得的紫苏籽多肽具有很好的抗氧化性。

2. 抗肿瘤、抗氧化性

体外细胞活性研究表明，紫苏籽抗氧化肽还对人肝癌细胞HepG-2具有较强的抑制作用，可使此癌细胞核凝聚、断裂、边缘化，呈现典型的凋亡状态；该紫苏籽抗氧化肽在受试小鼠体内不仅对免疫系统没有伤害，还能够修复癌细胞导致的免疫器官的损伤，进而抑制体内癌细胞的增殖。由此可见，紫苏籽抗氧化肽产品在功能保健食品开发应用方面潜力巨大。

（十三）抗疲劳紫苏籽肽

抗疲劳紫苏籽肽具有明显提高人体工作能力，增强肌肉含量和力量，维持或提高机体的运动能力，快速消除疲劳，迅速恢复和增强体力等功效，有助于在运动环境下维持人体健康。

1. 抗疲劳紫苏籽肽的制备

将紫苏籽蛋白粉以1∶15的料液比混合匀浆，调pH至7.0，加热至50℃后，按1 g/L的质量浓度加入中性蛋白酶和木瓜蛋白酶混合物（中性蛋白酶与木瓜蛋白酶的质量比为1∶1），在50℃下搅拌2 h，灭酶；离心收集上清液，调pH至6.0后用陶瓷膜过滤，得到一级过滤液；然后采用Cl型阴离子交换树脂吸附滤液中带负电的短肽及氨基酸；过纳滤膜，并收集截留液，得到二级过滤液；经减压浓缩，硅藻土过滤，喷雾干燥后得到紫苏籽肽。

2. 抗疲劳紫苏籽肽主要成分的测定

蛋白质含量测定可采用凯氏定氮法，依照《食品安全国家标准 食品中蛋白质的测定》（GB/T 5009.5—2016）中的方法测定；多肽含量采用三氯乙酸法；游离氨基酸含量测定参照《食品安全国家标准 食品中氨基酸的测定》（GB/T 5009.124—2016）中的方法；水分含量采用105℃恒重法，依照《食品安全国家标准 食品中水分的测定》（GB 5009.3—2016）中的方法测定；灰分含量采用550℃灼烧法，依照《食品安全国家标准 食品中灰分的测定》（GB 5009.4—2016）中的方法测定。所制备的紫苏籽肽的成分分析结果为：总蛋白质含量87.70%，灰分含量6.21%，总游离氨基酸含量5.87%，小肽含量78.05%，分子质量低于1000 u（1 u=1.66×10^{-27} kg）的短肽含量80.12%，水分含量2.49%。

3. 抗疲劳紫苏籽肽的功效

按低、中、高剂量连续灌胃雄性小鼠28天后，分析紫苏籽肽对小鼠负重游泳时间的影响，并进一步分析肌糖原、肝糖原、血清乳酸、尿素氮及乳酸脱氢酶水平变化。结果表明，与空白对照组相比，紫苏籽肽低、中、高剂量组的负重游泳时间分别提高了10.61%，22.76%，56.14%；紫苏籽肽能显著增加肌糖原、肝糖原积累，提高血清乳酸脱氢酶活性，加快血清乳酸及尿素氮分解代谢。这说明该紫苏籽肽具有良好的抗疲劳功效。抗疲劳紫苏籽肽高剂量组肌糖原、肝糖原含量分别提高了117.33%和89.73%，从而为机体运动提供了更多能量。当机体氧气供给不足时，肌肉有氧活动转化为厌氧代谢，导致乳酸积累。乳酸含量的增加会影响循环系统和骨骼肌系统功能，导致肌肉运动能力下降。而乳酸脱氢酶可以促进肌肉中过多的乳酸转变为丙酮酸，减少乳酸积累，延缓疲劳。总之，采用此法酶解制备的紫苏籽肽能够通过增加机体糖原积累，提高乳酸脱氢酶活性，促进代谢产物的清除，从而有效提高小鼠的运动能力，具有良好的抗疲劳效果。

第七章

紫苏籽多糖

在紫苏叶和紫苏籽中的多糖虽然也是重要的组成部分，但目前在紫苏籽蛋白加工中紫苏籽水溶性多糖往往作为废水被排放。紫苏籽多糖可以开发为提高免疫的产品，不但可以变废为宝，而且能减少废水中有机物含量，降低环保压力。紫苏籽多糖具有多种重要的生理功能，如抗炎、抗氧化、抗肿瘤、抗病毒、保肝降酶、增强非特异性免疫等功能；在抗肿瘤研究中发现，紫苏籽多糖可对肝癌、肺癌及乳腺癌的细胞等起到抑制作用。紫苏籽多糖作为佐剂在新型抗肿瘤药物的开发上具有重要的意义，已受到越来越多的关注。

（一）紫苏籽多糖的提取

常用的紫苏籽多糖提取方法有热水浸提法、酸提取法、碱提取法、超声辅助提取法、微波辅助提取法、超声辅助碱浸提法等。热水浸提法提取紫苏籽多糖的提取率一般在 1.99% ～ 14.00%，是目前提取方法中提取率最高的。热水浸提法得到的紫苏籽多糖只是粗品，还含有较多杂质，需要进行分离纯化。由于酸提取法和碱提取法在实验中酸量、碱量不易控制，反应时间也不好把握，容易造成多糖损失较多，且酸和碱在多糖中的残留有一定毒性。而热水浸提法相对较安全、成本也较低，所以生产中多是采用热水浸提法来生产紫苏籽多糖。

1. 热水浸提法

热水浸提最佳工艺条件为：温度 90℃，提取料液比 1：25，提取时间 3 h，提取次数 3 次。在此条件下，紫苏籽多糖的提取率可达 14.0%。紫苏籽多糖的提取工艺的具体操作为：取紫苏籽榨油后的紫苏籽粕废料粉碎化，过 250 μm 筛，石油醚（1：20，w/v）脱脂 6 h，残留物用蒸馏水（1：20，w/v）在 85℃提取 2 h，此过程重复 3 次，收集所有滤液。蒸发浓缩后加入 3 倍体积无水乙醇，并在 4℃下静置 12 h，5000 r/min 离心 15 min，脱去单宁。除去滤液，沉淀物复溶后加入 Sevag 试剂（正丁醇：氯仿 =1：3）进行脱蛋白处理，反复多次，直至无明显残留。将溶液在自来水、蒸馏水和去离子水内分别透析 1 天，冷冻干燥得到粗多糖，得率为 8.38%。

2. 碱提取法

采用碱从紫苏籽粕中提取多糖，并采用 D101 大孔树脂吸附脱色法纯化紫苏籽多糖，可使蛋白质、色素去除率分别达到 77.14%、78.7%，多糖保留率高达 79.56%；紫苏籽多糖的提取工艺路线为紫苏籽粕粉碎、乙醇脱脂后，用 5 mol/L 的氢氧化钠溶液在 80℃温度下浸提，液固比 20：1（mL/g），浸提 3 h，提取液用酸中和后，80% 乙醇沉淀，离心，沉淀为多糖，得率为 5.57%。

3. 微波辅助提取法

采用微波辅助提取紫苏籽多糖，可提高提取率。影响紫苏籽多糖提取率的主要因素是微波功率、辅助提取时间和料液比，最佳的提取工艺条件为：料液比 1∶25，微波功率 480 W，微波提取时间 3 min。紫苏籽多糖的提取率最高为 9.06%，用微波辅助后提取率提高至 24.79%。

（二）紫苏籽粗多糖的分离及纯化

紫苏籽粗多糖为浅棕色且呈海绵多孔状，室温下微溶于水。为了获得纯化多糖，进一步分析单糖组成和结构特征，比较了多种吸附树脂的脱蛋白和脱色效果，发现 D101 树脂吸附蛋白的能力和脱色效果最好，多糖的回收率也最高。因此，D101 树脂可作为紫苏籽粗多糖初步纯化的树脂。

从紫苏籽粕中提取粗多糖，经 DEAE 纤维素 DE-52 柱和 Sephadex G-100 柱层析分离纯化后得到 3 个组分，分别为中性多糖 PFSP-1、酸性多糖 PFSP-2 和 PFSP-3。3 种多糖组分的相对分子质量分别约为 1.06×10^5、5.96×10^4 和 3.72×10^4。利用 DEAE 纤维素 DE-52 柱对紫苏籽粗多糖进行分离，将粗多糖溶液缓慢滴加到经处理过的 DEAE 纤维素 DE-52 柱（4 cm×58 cm）上，依次用 0、0.2 mol/L、0.4 mol/L、0.6 mol/L 和 0.8 mol/L 氯化钠溶液进行洗脱，流速为 5 mL/min，5 mL 收集一管。采用苯酚 - 硫酸法检测，并根据峰值合并各组分，组分一为中性多糖、组分二和三为酸性多糖；将紫苏籽多糖分离得到的各亚组分装载到 Sephadex G-100 柱上再进行纯化，用蒸馏水以 5 mL/min 流速洗脱，收集洗脱液每管 5 mL，根据峰值合并各组分，每个粗多糖组分均有单一且较宽的洗脱峰。红外光谱表明，3 种多糖均具有多糖的特征吸收峰，且推断出它们均含有吡喃糖环，属于吡喃型多糖。酸性紫苏籽多糖的红外光谱中，在 1075 cm^{-1} 处存在吸收峰，表示酸性紫苏籽多糖中含有糖苷键，且分子中含有硫酸根；从单糖组成分析得出，这 3 种多糖为多种不同单糖构成的杂多糖。各多糖组分冷冻干燥后称重，分别占粗多糖的 23.22%、28.15% 和 20.32%。冷冻干燥于 4℃保存。由此通过超声辅助提取法提取的紫苏籽多糖，经 DEAE 纤维素 DE-52 柱和 Sephadex G-200 柱纯化后多糖纯度可达（88.82±0.51）%，其单糖组成为鼠李糖 3.1496%、阿拉伯糖 43.901%、木糖 21.956%、甘露糖 4.244%、葡萄糖 4.706%、半乳糖 21.997%。

（三）紫苏籽多糖含量的测定

多糖含量的测定采用改良的苯酚 - 硫酸法。吸光度用 721 型分光光度计测定，使用直径 10 mm 石英比色皿。

1. 葡萄糖标准液的配制

精确称取干燥至恒重的葡萄糖 100 mg，加水溶解、定容至 100 mL，备用。精确吸取 10 mL 备用液，加水定容至 100 mL，配成葡萄糖标准液。

2. 5%苯酚溶液的配制

分析纯苯酚在油浴上加热至 182℃蒸馏，取该馏分的苯酚 80 g 用水溶解、定容至 100 mL，置于棕色瓶内放冰箱中备用，此为 80% 的苯酚溶液。临用时取 1 mL 加入 15 mL 蒸馏水，即为 5% 的苯酚溶液。

3. 标准曲线的绘制

精确吸取标准液 0、0.1 mL、0.2 mL、0.4 mL、0.6 mL、0.8 mL、1.0 mL，分别置于具塞试管中，加蒸馏水补足 2 mL，再各加 1 mL 5% 苯酚溶液，混匀，迅速加入 5 mL 浓硫酸，立刻摇匀。30℃放置 30 min，在 490 nm 处测定吸光度。以吸光度为纵坐标，葡萄糖溶液浓度为横坐标，绘制标准曲线。

4. 紫苏籽多糖含量的测定

测定紫苏籽多糖粗提液中多糖含量后，换算成原料多糖得率，用以表示紫苏籽多糖的提取效果。紫苏籽多糖提取率（%）= 提取的紫苏籽多糖质量 ÷ 紫苏籽粕质量 ×100%。

（四）紫苏籽多糖的鉴定

1. 紫苏籽多糖相对分子质量的测定

采用 Sephadex G-200 柱层析进行相对分子质量测定，将不同相对分子质量的葡聚糖标准品配制成 5 mg/mL 溶液，0.1 mol/L 氯化钠溶液进行洗脱，得到洗脱体积（V_e），并用蓝色葡聚糖相同条件上样测得外水体积（V_0）。以已知标准品相对分子质量对数值（$\lg M_e$）为纵坐标，洗脱体积（V_e/V_0）为横坐标制作标准曲线，并将待测多糖液以相同条件下上样，计算该多糖的相对分子质量。

2. 紫苏籽多糖的组成分析

称取 2.0 mg 干燥样品分别置于安焙管中，加入 3 mL 浓度为 2 mol/L 的三氟乙酸，110℃条件下水解 3 h，水解后冷却至 26℃，将样品移至圆底烧瓶并加入甲醇，减压浓缩至干，加入超纯水并溶解后定容至 1.5 mL；取 200 μL 上述溶液于反应管，加入 100 μL 0.6 mol/L 的氨水溶液，100 μL 0.5 mol/L 1- 苯基 -3- 甲基 -5- 吡唑啉酮溶液，混匀、封口，70℃下衍生 100 min。反应后冷却至 26℃，加入 200 μL 0.3 mol/L 的乙酸，氨水中和，摇匀后加入等体积三氯甲烷，萃取分层，收集水相部分，利用高效液相色谱仪检测。

检测条件：色谱柱可采用安捷伦 eclipse plus C18（150 mm×4.5 mm×5 μm）；梯度洗脱：流动相 A 为纯乙腈，流动相 B 为磷酸二氢钠缓冲液（0.45 g 磷酸二氢钠＋900 mL 去离子水＋1.0 mL 三乙胺＋100 mL 乙腈），0 min 94% 流动相 B、6% 流动相 A，4 ～ 50 min 88% 流动相 B，12% 流动相 A；进样量 10 μL；流速 1.0 mL/min；紫外检测器，检测波长 254 nm；柱温 35℃。混合标准样品衍生方法同上，衍生后利用高效液相色谱仪检测，单糖的定量采用与混合标准样品中单糖的峰面积相比的方法。

（五）紫苏籽多糖的生物活性

紫苏籽多糖在抗氧化、抗肿瘤、抗病毒、增强非特异性免疫等多种方面均具有重要生理功能。

1. 抗肿瘤活性

从紫苏籽粕中提取粗多糖，经DEAE纤维素DE-52和Sephadex G-100柱层析分离纯化后得到3个吡喃型多糖组分。免疫器官指数及抑瘤率结果表明，这3种多糖均可使模型小鼠脾指数和胸腺指数提高，能提高白细胞介素-2对淋巴细胞的刺激，起到预防和控制癌细胞增殖的作用；能促使T细胞杀伤肿瘤细胞，导致肿瘤坏死因子-α浓度升高；抑制免疫介质白细胞介素-10的浓度，减少单核巨噬细胞的特异性免疫功能受损情况；可减少肿瘤细胞的毒害作用，进而减少正常细胞破裂的发生。肿瘤组织切片结果表明，紫苏籽多糖能使肿瘤细胞产生膨大破裂导致的凋亡现象，有较好的抑瘤效果，通过免疫机制致使肿瘤细胞凋亡。紫苏籽多糖对于新型抗肿瘤药物佐剂的开发具有重要的意义。

2. 保肝降酶作用

紫苏籽多糖具有较强的降低谷丙转氨酶活性的作用，可以使血清中谷丙转氨酶的酶活性下降52.62%，而对照组水飞蓟素阳性下降51.54%，说明紫苏籽多糖对谷丙转氨酶活性的降低效果更显著。动物实验发现，紫苏籽多糖可使小鼠的肝脏外观颜色更加鲜艳，更富有弹力。紫苏籽多糖具有降低肝功转氨酶和保护肝脏恶变的作用。紫苏籽多糖对小鼠急性肝损伤有保肝降酶的作用，经紫苏籽多糖处理的小鼠急性损伤肝脏的外观表面斑点坏死灶明显减少，且血清中谷丙转氨酶及谷草转氨酶的活性显著降低。

第八章

紫　苏　叶

紫苏叶为唇形科植物紫苏与野紫苏的叶和带叶小软枝。紫苏叶作为药食两用的植物，是我国传统的中药，具有低糖、高纤、高胡萝卜素、高矿物质，富含维生素 C 及维生素 B_2，营养价值很高。药用的紫苏叶为紫苏的干燥叶（或带嫩枝），归肺、脾两经，药典中记载紫苏叶有解表散寒、行气和胃的功效。紫苏叶挥发油的药理活性丰富，具有抗氧化、抗肿瘤、抗菌、抗炎、镇静、舒张血管、抗衰老、抗过敏等多种药理活性，对神经系统、消化系统均有一定的作用，具有解热、促进胃肠蠕动、抗血栓、增强记忆力、止咳平喘的功效。日常生活中紫苏叶通常被当作蔬菜和香料来使用。紫苏叶一般人均可食用，适合孕妇食用。紫苏叶生食、做菜均可以，作为蔬菜也较耐储藏。紫苏叶可制作紫苏叶凉茶、紫苏米粥，已有用紫苏叶除鱼腥味及作糖渍杨梅辅料的实践。紫苏叶具有极大的营养价值、药用价值和商业价值。鲜品紫苏叶外用还可以治疗蚊虫叮咬后的皮肤痛痒。

（一）紫苏叶的采收

紫苏叶一般于 5 月下旬或 6 月初采收，若秧苗壮健，从第四对至第五对叶开始达到采收标准，可随时采收。6 月中下旬、7 月下旬至 8 月上旬，叶片生长迅速，是采收高峰期，平均 3 ～ 4 天可以采收一对叶片，其他时间一般每隔 6 ～ 7 天采收一对叶片。从 5 月下旬至 9 月上旬，一株紫苏一般可采收 20 ～ 23 对合格的商品叶，腌制后可达株产 120 g 左右。作出口商品的紫苏，需按标准采收，其采收标准是：叶片中间最宽处达到 12 cm 以上，无缺损、无洞孔、无病斑。作药用的紫苏叶，于秋季种子成熟时，即割下果穗，留下的叶和梗另放阴凉处阴干后收藏。

（二）紫苏叶的成分

紫苏叶是一种历史悠久的传统中草药，在《本草纲目》《千金方》《食疗本草》等诸多经典著作中均有记载，可见其应用价值极高。紫苏叶含有较多挥发性成分，相对于紫苏其他部位，紫苏叶中含有较高的挥发油，挥发油是紫苏叶中的主要功能成分。紫苏叶中含有较多萜类、黄酮苷类、类脂类、花青素和多糖等营养成分。药用紫苏叶来自回回苏变种叶片，油用紫苏叶来自紫苏原变种叶片。对药用、油用两类紫苏进行比较，药用紫苏的含水量、粗纤维素含量、总糖含量，矿质元素中钙、镁、钠、铁、铜、硒含量，β - 胡萝卜素含量，维生素 C 含量及主要的药用成分均高于油用紫苏，其叶片可药用，也可作为蔬菜、香料等食品；主要用于榨油的油用紫苏，其叶中蛋白含量、氨基酸含量及脂肪含量均高于药用紫苏叶，叶采收后还可收获籽粒，用作高蛋白的食用及饲用产品。

1. 紫苏叶含有丰富的营养物质

紫苏叶中含有大量粗蛋白、脂肪酸、胡萝卜素及维生素等，营养成分高于一般蔬菜，可以用来开发高蛋白保健食品。紫苏嫩叶中每 100 g 含有糖 0.68 ～ 1.26 g，蛋白质 3.84 g，纤维素 3.49 ～ 6.96 g，脂肪 1.3 g，胡萝卜素 7.94 ～ 9.09 mg。紫苏幼叶中的粗蛋白含量高达 28.14%，成熟叶片中为 17.68%。紫苏叶中蛋白含量较高，氨基酸种类齐全，赖氨酸、亮氨酸及缬氨酸等必需氨基酸含量比较丰富。紫苏叶中脂肪含量高于常见叶菜，脂肪酸种类丰富，药用、油用两类紫苏叶中脂肪酸含量最高的都为硬脂酸，药用紫苏叶中含量次之的为 α - 亚麻酸，而油用紫苏叶中含量次之的为花生酸。紫苏叶中 β - 胡萝卜素含量为橙黄色胡萝卜的 3 倍，是南瓜及番茄的 20 倍左右。紫苏叶中每 100 g 含维生素 B_1 0.02 mg，维生素 B_2 0.35 mg，烟酸 1.3 mg，维生素 C 55 ～ 68 mg，维生素 C 含量与菜心基本相当，明显高于其他叶菜。紫苏叶中矿质元素含量也很丰富，在蔬菜营养评价中认定的高营养价值的钙、铁、锌和硒元素等在紫苏叶中含量均较高。在紫苏叶矿质元素测定中已检测到 10 种元素，100 g 紫苏叶中含钾 522 mg，钠 4.24 mg，钙 217 mg，镁 70.4 mg，磷 65.6 mg，铜 0.34 mg，铁 20.7 mg，锌 1.21 mg，锰 1.25 mg，锶 1.50 mg，硒 3.24 ～ 4.23 μg。紫苏叶中钙含量可达到传统高钙食品豆腐中的钙含量，是一种较好的高钙植物。

2. 紫苏叶中含有多种活性成分

紫苏叶中含有丰富的生物活性成分，紫苏叶提取物可作为天然抗菌剂及防腐剂使用。紫苏叶的多种活性成分主要有酚酸类、黄酮类、三萜类、苷类、甘油糖脂和甾体类。酚酸类主要为迷迭香酸、咖啡酸；黄酮类如芹菜素、木犀草素等；三萜类如齐墩果烷型三萜及熊果烷型三萜；苷类如紫苏苷、苯丙素苷等；花色苷类如天竺葵苷、芍药素 -3- 葡糖苷等；甾体类如 β - 谷甾醇、豆甾醇和菜油甾醇等。气相色谱 - 质谱联用分析从紫苏叶中提取的挥发油的化学成分，主要有：紫苏醛、紫苏酮、紫苏醇、D- 柠檬烯、β - 石竹烯、β - 芳樟醇和法尼烯等。这些紫苏叶的特殊功能活性物质可用来制备紫苏保健品。此外，超氧化物歧化酶在紫苏叶中含量高达 106.2 μg/mg。

3. 紫苏挥发油

紫苏挥发油是紫苏叶中的带有药效功能的活性成分，其含量为 0.3% ～ 0.7%。紫苏挥发油的主要成分会因季节变化而改变。紫苏挥发油的主要成分为萜类化合物，其中单萜成分差异较大，不同类型挥发油种质应用价值不一；单萜类紫苏醛是含量较高的活性成分，含量可达挥发油的 50% 以上，但含量会因季节变化而改变。紫苏叶中挥发油含量显著高于花、梗及籽，紫苏叶中挥发油含量基本呈现营养期＞开花期＞落叶期的规律，在营养期挥发油含量呈现成熟叶＞嫩叶及老叶，而开花期及落叶期挥发油含量呈现嫩叶＞成熟叶及老叶。另外，作为药用及功能性成分，紫苏迷迭香酸、总黄酮、花青素以及 β - 胡萝卜素等次生代谢物含量同样受到取样时期和取样位置的影响。迷迭香酸含量以成熟期含量较高，而 β - 胡萝卜素及总黄酮含量以开花期含量较高。

4. 紫苏叶多糖

紫苏叶多糖是紫苏叶重要的活性成分。研究证明，紫苏叶多糖具有吞噬大肠杆菌、金黄色葡萄球菌等细菌的特性。紫苏叶和生姜等配合使用具有抗抑郁效果。

5. 甘油糖脂

甘油糖脂是甘油二酯与半乳糖、脱氧葡萄糖等已糖的糖苷键结合而成，是一种具有多种活性作用的脂类物质，因具有安全可靠、对人体无不良副作用的优点，已广泛应用于食品、药品及保健品之中。紫苏中甘油糖脂含量丰富，是获取甘油糖脂的重要植物来源。从紫苏中已分离得到三种不同分子结构的甘油糖脂，主要是用氯仿 - 甲醇混合液对紫苏叶中的总脂进行提取，再用硅胶柱提纯，将总脂加到硅胶柱上，通过硅胶柱层析梯度洗脱法分离甘油糖脂单体，使用薄层色谱对甘油糖脂进行定性分析，最后利用半制备液相色谱对甘油糖脂进行二次纯化，最终获得高纯度的甘油糖脂单体。采用质谱法、核磁波谱法对甘油糖脂的分子结构进行鉴定，得到一个单半乳糖基甘油二酯，两个双半乳糖基甘油二酯，三种不同分子结构的甘油糖脂可以提高细胞内抗氧化酶活性，保护细胞免受因脂多糖诱导产生的细胞氧化损伤。天然植物来源的甘油糖脂所具有的抗氧化性使其可应用于食品、药品及保健品领域。这三种甘油糖脂均可抑制ABTS自由基、DPPH自由基、羟基自由基、超氧阴离子自由基等的产生及提高超氧化物歧化酶、过氧化氢酶、谷胱甘肽过氧化物酶的活性，且具有较强的还原力。

（三）紫苏叶活性成分的提取和测定

紫苏叶提取物的组成成分和含量受产地、季节、提取方式等影响而差异巨大，提取物除含有一些特定成分外还有其他多种生物活性物质，这使得研究其药效物质、构效关系和作用机制等受到极大的限制。通过对紫苏叶提取物尤其是有效单体抗炎作用机制的研究，有望为进一步研究与开发以紫苏叶为原料的抗炎新药和功能食品提供依据。

1. 紫苏叶多糖的提取

Sevag法是常用的去除多糖中蛋白质的方法，原理是使多糖不沉淀而使蛋白质沉淀，脱蛋白效果较好。此法是利用蛋白质在三氯乙烷等有机溶剂中变性的特点，将提取液与Sevag试剂混合，振荡，离心，变性后的蛋白质介于提取液与Sevag试剂交界处，样品中的蛋白质变性成不溶状态，用离心法除去。此法的优点是条件温和，不会引起多糖的变性。去除紫苏叶多糖中的蛋白质的最佳工艺条件为：氯仿与正丁醇的体积比4∶1，提取液与Sevag试剂的体积比1∶1，时间30 min，次数4次，紫苏叶多糖的脱蛋白率72.1%，多糖损失率17.3%。紫苏叶多糖提取液经活性炭脱色、Sevag脱蛋白后通过DEAE纤维素柱层析，再用蒸馏水、0.2 mol/L、0.4 mol/L、0.6 mol/L、0.8 mol/L、1.0 mol/L氯化钠洗脱液进行洗脱，分离得到含糖量为3.18 μg/mL的紫苏叶多糖Ⅰ、含糖量为4.64 μg/mL的紫苏叶多糖Ⅱ、含糖量为12.22 μg/mL的紫苏叶多糖Ⅲ、含糖量为26.36 μg/mL的紫苏叶多糖Ⅳ、含糖量为32.63 μg/mL的紫苏叶多糖Ⅴ、含糖量为 62.52 μg/mL 的紫苏叶多糖Ⅵ等紫苏叶多糖组分，这些紫苏叶多糖组分仍需进一步纯化。

2. 紫苏叶紫苏醛的提取和测定

由于紫苏醛是紫苏叶挥发油中主要的活性物质。《中国药典》（2015 年版）规定紫苏叶中紫苏醛为检出成分，即只有含紫苏醛的紫苏叶才为合格药材。藿香正气口服液的紫苏叶挥发油中紫苏醛的含量不低于 25%。《日本药局方》（第 17 版）则规定紫苏叶中紫苏醛的含量不得低于 0.08%。为此可以从紫苏叶中专门提取紫苏醛。一般来说顶部叶紫苏醛含量最高，而且变化较大，开花前出现高峰值，之后骤降；中部叶紫苏醛含量明显低于顶部叶，一般开花前达到峰值后，含量较稳定；底部叶紫苏醛含量最大值出现在花果生长期，随后一直下降。不同种质也不甚一致。种质因素是影响紫苏醛含量的首要因素，采摘部位和采样日期次之，一天内的采摘时间则影响不大。

（1）紫苏醛超声波辅助溶剂提取。超声辅助溶剂提取条件为：提取温度 35℃，提取 1 次，频率 40 kHz，功率 300 W，最优条件为料液比 1∶60，提取时间 24 min，提取得到 7.517 mg/g 紫苏醛。CN201410313498.7 报道了从紫苏叶中提取紫苏醛和紫苏烯的方法：取 100 g 紫苏叶，在 1 L 的溶液中浸泡 10 h 后洗净、干燥。所述溶液的溶质由 13 mmol 盐酸、8 mmol 氯化钠、2 mmol 磷酸二氢铵、1.5 mmol 亚磷酸、0.6 mmol 柠檬酸组成。经粉碎后直径在 5 mm 以下，添加 1% 盐酸 -70% 乙醇 160 g，静置 1 h，经 25 kHz、300 W 的超声波处理 40 min 后，提取 100 g 的上层液体。

（2）提取液大孔树脂纯化。使用的大孔树脂采用以下方法制成：以苯乙烯、二乙烯苯、甲基丙烯酸酯为原料，在 0.5% 的明胶溶液中，加入二甲苯聚合而成。各组分的质量比为苯乙烯∶二乙烯苯∶甲基丙烯酸酯∶明胶溶液∶二甲苯＝1∶0.7∶1.2∶20∶0.8。提取 4 g 活性成分 A。收集剩余紫苏叶，干燥成 120 g，加入 60% 乙醇溶液 200 g，微波功率 200 W，提取 20 s，过滤，去液体，将过滤后的紫苏叶干燥成 110 g。在剩余紫苏叶中加入 0.8% 盐酸 -60% 乙醇 150 g，静置 1 h，过滤，去渣，在 130℃、0.25 MPa 下蒸馏 4 h，获得 3 g 的活性成分 B。按 1：1.25 混合活性成分 A、B，制成紫苏叶提取物。由此制成的紫苏叶提取物包含挥发油、酚酸类化合物、色素苷类化合物等，其中紫苏醛和紫苏烯提取率为 0.5% ～ 0.7%，即 100 g 的紫苏叶可得 5.4 g 的紫苏叶提取物，紫苏醛和紫苏烯约占 0.6 g。

（3）紫苏醛含量测定。采用气相色谱法测定。用聚乙二醇弹性石英毛细管柱为色谱柱，检测器温度和进样口温度为 250℃，分流比为 50：1；程序升温，初始温度为 110℃，以 4℃ /min 的速率升温至 180℃，再以 20℃ /min 的速率升温至 220℃，保持 4 min。色谱柱的理论板数按紫苏醛峰计算应不低于 50000。

采用高效液相色谱法快速检测：流动相为甲醇：水 =78：22，流速 1.0 mL/min，柱温 25℃，进样量 20 μL，紫苏醛的保留时间 6 min 左右。测定了 9 个不同来源的紫苏叶中紫苏醛的平均含量为 0.05% ～ 0.32%，有 4 个平均含量在 0.25% 以上。

3. 紫苏叶类胡萝卜素的提取和测定

类胡萝卜素是一类天然色素的总称，基本结构均是由位于中央的多聚烯链和位于两端的末端基团通过氢化、脱氢、环化和氧化等过程结合而成。溶剂法提取紫苏叶中类胡萝卜素的最佳溶剂是石油醚，从紫苏叶和白苏叶中提取类胡萝卜素的最佳工艺条件为：每次浸提 3 h，温度 60℃，料液比 1：20，浸提 1 次；或每次浸提 3 h，温度 65℃，料液比 1：20，浸提 3 次。通过对超临界二氧化碳萃取紫苏叶中类胡萝卜素的方法进行初步研究，发现压力在 40 MPa 时类胡萝卜素基本能被萃取出来，若以一定量紫苏挥发油作为萃取载体可大大提高提取率。

4. 紫苏叶迷迭香酸的提取和测定

开花后至结实初期叶片中迷迭香酸的含量最高，是提取的最佳时期。迷迭香酸提取工艺有多种，以水：甲醇：盐酸（20：80：1）混合溶剂提取最有效，也可用水：丙酮：盐酸（20：80：1）混合溶剂代替；使用

50% 乙醇为提取剂提取迷迭香酸的最佳工艺条件为：料液比 1∶50，提取温度 65℃，提取时间 35 min；使用乙酸乙酯为萃取剂的最佳萃取级数为 3 次，料液溶剂比 5∶3（v/v）；热水浸提法的最佳条件为：溶剂原料比 40∶1（v/w），在 100℃下浸提 45 min。迷迭香酸含量可用分光光度检测法测定。迷迭香酸在 50 ～ 300 μg 与吸光度呈良好的线性关系，由此可建立一种快速、简便、准确地测定迷迭香酸含量的分光光度检测法。

酶法辅助提取迷迭香酸可提高收率，最佳工艺条件为：每克紫苏加酶量 25 U，料液比 1∶40，提取温度 50℃，酶反应时间 5 min。采用高效液相色谱测定迷迭香酸得率为 0.625%，比热水浸提法提高 26.26%。采用大孔树脂与聚酰胺树脂相结合的方法，从紫苏籽粕中可分离出含量为 95% 的迷迭香酸。紫苏叶粗提物经分离提取能得到 64.3% 的迷迭香酸和 28.8% 的咖啡酸。

CN201210366817.1 公开了一种从紫苏叶中提取迷迭香酸的方法，是以结实初期的紫苏叶为原料，经清洗切片、超声提取、大孔树脂吸附、解吸浓缩、酸水溶解、萃取、硅胶柱层析等过程，制得 98% 以上纯度的迷迭香酸产品。此方法不仅可以得到高纯度的迷迭香酸产品，且生产过程中可以得到含量为 20% ～ 30% 和 60% ～ 75% 的迷迭香酸粗品，以满足不同的要求。此方法提取时间短、操作简单、步骤少、生产成本低廉，适合于大规模工业化生产。

迷迭香酸在体内具有抗氧化和修复氧化应激损伤的功效；对大肠杆菌、金黄色葡萄球菌和枯草芽孢杆菌等均有抑制作用；能缓解抑郁；能抑制过敏性哮喘小鼠气道炎症的发展，明显减少炎症细胞数目；还具有抑制癌细胞体外迁移的能力，能抑制癌细胞增殖，诱导其凋亡。

5. 紫苏叶黄酮的提取

从成熟的紫苏叶中已分离出 16 种黄酮类化合物，其中有 5 种花色素苷、2 种黄酮及 9 种黄酮苷。目前紫苏中总黄酮化合物的提取方法多样，有超声波辅助提取法、溶剂浸提法、微波辅助提取法及联合提取法等。但良好的提取方法不仅要有较高的生产效率，还要有利于环境保护。

（1）碱性溶液浸提法。紫苏黄酮显酸性，易溶于碱性溶液中，可采用碱性溶液提取。目前使用最多的碱性溶液就是氢氧化钠溶液和石灰乳。氢氧化钠溶液作为提取剂，对黄酮的溶解度高，但提取出的黄酮所含杂质很多，不利于进一步的纯化。而石灰乳对于黄酮的浸出能力没有氢氧化钠溶液好，但是可以去除杂质，提高黄酮纯度，同时也会使部分黄酮与钙盐结合生成的不溶物质被当成杂质去除。利用石灰乳为提取剂提取黄酮类化合物，对黄酮的提取率约为 20.07%。

（2）乙醇浸提法。乙醇浸提法是以乙醇为提取剂实现紫苏叶黄酮的提取的方法。该方法对紫苏叶黄酮的提取率受乙醇浓度和萃取次数影响较大。采用 55% 乙醇浸提法提取紫苏叶黄酮，提取温度 60℃，对黄酮进行单次萃取，浸提时间 4 h，提取率为 5.12%。采用 80% 乙醇提取紫苏叶黄酮，对黄酮进行 3 次萃取，提取率达 15.5%。因此，使用较高纯度的乙醇提取剂，进行多次萃取浸提是提高黄酮提取率的重要方法。

（3）丙酮浸提法。丙酮浸提法是以丙酮为提取剂实现紫苏叶黄酮的提取的方法。该方法对黄酮的提取效果较好，同时提取出的黄酮的品质较高。60% 的丙酮对紫苏黄酮的提取率为 19.6%，提取出的黄酮的抗氧化性最强，品质最好。

（4）超临界二氧化碳萃取法。用超临界二氧化碳流体从紫苏叶挥发油中提取黄酮，含量损失较少，对总黄酮的提取有实际应用价值。

（5）微波辅助提取法。微波辅助提取法是利用物质吸收微波的能力不同，物质被选择性加热，使物质细胞内瞬间产生高温、高压，导致细胞壁破裂，减少传质阻力，促使有效成分快速溶出的提取方法。用超声波 - 微波协同提取紫苏叶黄酮，影响紫苏叶黄酮提取率的因素从高到低排列顺序为料液比＞微波功率＞提取时间＞乙醇浓度。该分离方法具有对提取物选择性高、提取率高、溶剂用量少、环保性高等优点。以乙醇为提取剂在微波提取装置中加热回流提取黄酮，其提取工艺为：将紫苏叶 60℃烘干后粉碎，密封保存，称取一定质量的紫苏叶粉，加入提取剂乙醇，在微波提取装置中提取。研究发现，在紫苏粒径 840 μm、提取时间 30 min、温度 71℃、乙醇体积分数 80%、料液比 1∶15（g/mL）、微波功率 268 W 条件下，黄酮提取率高达 7.833%。微波辅助提取选择性好、操作简单，可节省提取时间、提高提取率，是一种良好的天然产物黄酮提取技术。

（6）超声波提取法。超声波提取法是利用超声波在液体中的空化作用和搅拌作用破坏植物细胞壁，增加溶剂的穿透力，提取剂分子渗透到细胞中溶解有效成分，来优化提取时间和提取效率，从而高效、快速地使提取物的细胞内容物溶解于提取剂中，同时降低对提取物的结构和生物活性的破坏程度。该法设备简单，操作灵活性强，有利于原料的充分利用，使用的提取剂用量少，可节约溶剂；提取过程中无化学反应发生，对提取物的生物活性无影响，有效成分含量高，环保性高。超声波提取法的高效应用依赖于工艺因素条件的优化，超声波提取法测定紫苏叶中黄酮的含量，在提取液为乙醇时的最佳工艺条件为：用 60% 乙醇超声提取 4 次，每次 18 min，料液比 1∶15（g/mL）。此条件下提取得到 24.65 mg/g 黄酮。当使用 3% 硼砂水溶液为提取剂，超声波提取紫苏梗中黄酮的最佳工艺条件为：料液比 1∶50（g/mL），超声波输出功率 300 W，提取时间 90 min，提取温度 75℃。此条件下提取得到 34.6 mg/g 黄酮。

（7）酶法协同超声波提取法。酶法是利用酶反应高度专一性的特点，通过酶的作用分解细胞的细胞壁及细胞间质中的纤维素，从而破除其对黄酮的部分传质阻力，利于黄酮的加快溶出，提高黄酮提取率。紫苏黄酮的酶法协同超声波提取具体操作为：10 g 干紫苏叶粉末加入适量乙醇，浸泡 15 min 后加入适量配制好的 0.25 mg/mL 纤维素酶悬浮液，在 40℃、pH 5.0 下于恒温水浴锅中酶解，待酶解完成后，在料液比 1∶20（g/mL）、乙醇浓度 70%、超声提取时间 30 min 的条件下进行超声波辅助提取，黄酮得率为 3.71%。该提取法操作简单、提取温度低、有利于保证黄酮活性，但也存在提取时间周期长、成本高，酶的种类选择、含量控制、影响因素筛选等较苛刻的问题。

6. 黄酮经大孔树脂的分离纯化

HPD300大孔树脂对白苏叶总黄酮有良好的吸附分离性能，其吸附分离工艺条件为：总黄酮上样浓度5 mg/mL，最大吸附量13.73 mg/g，吸附流速1 mL/min，以10倍柱体积的50%乙醇洗脱，树脂可重复使用4次。若利用AB-8大孔树脂纯化紫苏叶总黄酮，可得到总黄酮含量为58.74%的精制品，富集效果好，适用于工业生产。紫苏提取液经大孔树脂分离纯化后，利用全波长扫描和高效液相色谱分析可知，紫苏叶中含有的黄酮类物质主要为芦丁、木犀草素等。

7. 黄酮含量的测定

取各次的浸提液5.0 mL，加入50.0 mL的容量瓶中，定容摇匀，吸取5.0 mL，测定其吸光度，根据标准曲线算出含量。根据公式计算出黄酮提取率：黄酮类化合物提取率（%）=（稀释倍数 ×C×V）÷ 紫苏叶质量 ×100%（C—每次提取液的黄酮含量，单位mg/mL；V—每次提取液的体积，单位mL）。

8. 紫苏叶花色苷类化合物的提取

丰富的花色苷类化合物和花青素是紫苏颜色的主要来源，也是紫苏发挥显著的抗氧化、抗癌等作用的物质基础。从紫苏叶中提取花色苷的方法为：将干紫苏叶粉碎，过420 μm筛，料液比1∶15，浸提温度60℃，时间20 min。在此实验条件下，紫苏叶花色苷的提取率为15.30%。采用微波辅助法从紫苏叶中提取得到花色苷56.51 mg/100 g，对DPPH自由基、ABTS自由基和超氧阴离子自由基的清除率分别为40.4%、52.7%和43.7%。

9. 紫苏叶花色苷和熊果酸的提取

CN201610196610.2提供了从紫苏叶提取熊果酸和花色苷的方法，采用杀青、石油醚脱脂、酸水浸提、树脂与结晶相结合的方法获得熊果酸和花色苷结晶。通过酸水浸提工艺获得了大量高纯度的水溶性花色苷，有效提高了花色苷的提取率，降低了因花色苷没有被充分利用造成的环境污染风险。通过杀青和石油醚脱脂能有效防止酶对花色苷和熊果酸的破坏，同时破坏了紫苏叶片细胞，能促进叶中有效成分的快速释放。

10. 紫苏叶原花青素的提取

紫苏叶中原花青素的质量分数为 0.179% ～ 22.081%，挥发油得率在 0.08% ～ 0.96%。CN201610776100.2 公开了一种从新鲜紫苏叶中提取原花青素的方法及原花青素的应用，提取方法为：将预处理后的紫苏叶加入体积分数为 45% ～ 65% 的乙醇水溶液中研磨成浆液，再经微波和超声波联合提取，分离纯化，获得原花青素。采用微波萃取联合超声波辅助快速提取工艺，可从紫苏叶中快速、简单地提取低聚原花青素，提取率可达 9.5%，低聚原花青素制品含量大于 76%。提取得到的低聚原花青素制品可应用于缓解或保护 PM2.5 呼吸暴露导致的肺上皮细胞氧化应激损伤。

11. 紫苏叶甾体化合物的提取

目前已经从紫苏叶中分离出来的甾体化合物有：20- 异戊基 - 孕甾 -3β,14β- 二醇、β- 谷甾醇、胡萝卜苷、菜油甾醇及豆甾醇等。甾体化合物具有一定的抗氧化性和镇静作用等。采用超声波辅助法从不同品种的紫苏中提取紫苏甾醇，结果发现，紫苏中甾醇含量最高为 2.68 mg/mL，对 DPPH 自由基和羟基自由基的抗氧化能力最强，IC_{50} 分别为 22.37 mg/mL 和 8.70 mg/mL。研究发现，0.75 mg/kg 的豆甾醇可延长戊巴比妥诱导的小鼠的睡眠时间，是对照组的 1.12 倍；0.75 mg/kg 的豆甾醇与 2.5 mg/kg 的紫苏醛可使小鼠的睡眠时间提高 1.43 倍，其镇静作用来源于豆甾醇与紫苏醛的协同作用。

（四）紫苏叶的药理活性

紫苏叶具有抗氧化、抗肿瘤、抗菌、抗炎、解热等作用，对心脑血管系统、神经系统和消化系统也有一定的作用。中医认为紫苏叶性味辛、性温，无毒，归肺、脾经，具有解表散寒、行气宽中、和胃止呕、行气安胎及解鱼蟹毒的作用，可医治感冒风寒、恶寒发热、头痛鼻塞、咳嗽气喘、胸腹胀满、脾胃气滞、胸闷呕吐、妊娠恶阻，以及进食鱼虾引起的腹痛吐泻等症状。已开发出含紫苏叶成分的藿香正气系列、儿童清肺系列、感冒清热颗粒、参苏系列等中药制剂。紫苏叶发汗、解表、散寒的力度比较缓和，因此感冒出现的恶寒、发热、无汗、头痛、鼻塞兼有咳嗽者，常与杏仁、前胡、桔梗等配伍，如杏苏散。一般轻浅的感冒，用紫苏叶 10 g，揉成粗末泡茶喝，效果也不错；鱼鳖虾蟹等生猛海鲜，寒腻腥膻，多食损人肠胃，还易引起腹痛吐泻等中毒症状，用紫苏叶 30 g，生姜 15 g，厚朴、甘草各 10 g，煎汤服用可解因吃鱼蟹导致的食物中毒。日本人在吃生鱼片的时候，总是同时吃下一些新鲜紫苏的叶和嫩茎，这样不仅提味，还能解毒。在蒸煮螃蟹的时候，不妨放上一把紫苏叶，以解腥、祛寒。健康人食用紫苏叶能强身健体、润肤、明目，在炎热天气食用，可增强食欲、助消化、防暑降温，还可预防感冒、胸腹胀满等病症，但气表虚弱者忌食。紫苏嫩叶可以凉拌、制作紫苏叶凉茶、与粳米一起做紫苏粥。

1. 抗炎、抗过敏

紫苏叶具有良好的抗炎和抗过敏作用，对急、慢性炎症，局部组织和全身炎症有一定的治疗作用。紫苏叶的抗炎活性物质为挥发油、黄酮和酚酸等。从紫苏叶中分离出的迷迭香酸也具有抗炎作用，可以改善过敏性鼻炎、过敏性鼻结膜炎、过敏性哮喘。紫苏叶水提物对粉尘螨引起的小鼠皮炎也有改善作用，能抑制表皮和真皮层的增生和炎症细胞的浸润。紫苏叶中的挥发油能显著减轻角叉菜胶致去肾上腺大鼠足趾肿胀，降低炎症组织前列腺素 E_2 的含量，降低胸腔渗出液中蛋白含量和白细胞数，降低一氧化氮含量。这可能与其抑制白细胞游走、减少蛋白渗出、清除氧自由基、抑制前列腺素 E_2 等炎症介质生成有关。紫苏叶中的异麦芽酮具有体外抗炎活性，超临界二氧化碳萃取的异麦芽酮含量较用醇提取的高。紫苏叶中的木犀草素能抑制大鼠腹膜肥大细胞炎症因子分泌，抑制释放组胺。从紫苏叶的乙酸乙酯提取分离出紫苏叶酸 A 和黄酮类化合物，能抑制由炎症因子白细胞介素 -1β 引起的大鼠肝细胞的一氧化氮生成，提示其有一定的抗炎活性。此外，紫苏叶醇提物可改善噁唑酮、卵清蛋白血清诱导的小鼠过敏性耳水肿，降低耳血管通透性。CN200910104602.0 表明紫苏叶中的紫苏烯可作为抗炎活性成分，在药学上与可接受的赋形剂一起、采用常规的方法制备成各种药用剂型。

CN201911288435.X 报道了一种紫苏叶中抗过敏成分的分离纯化方法：首先将新鲜紫苏叶经过常温阴干、粉碎过筛、溶剂浸泡、强化传质法进行提取，得到紫苏抗过敏粗成分，再运用薄层色谱法确定洗脱溶剂，硅胶柱层析法和 Sephadex 柱层析法对紫苏抗过敏粗成分进行纯化，即可得到透明质酸酶抑制率高达 89.76% 的高抗过敏活性紫苏提取物。

2. 止咳平喘

紫苏叶中成分丁香烯对离体豚鼠气管有松弛作用，对丙烯醛或枸橼酸所致咳嗽有明显的镇咳作用，还有祛痰作用，芳樟醇也有平喘作用。

3. 抑菌、抗菌、抗病毒

紫苏叶对革兰氏阳性细菌有良好的抑菌、抗菌活性，其活性成分为挥发油、黄酮、酚酸、萜类等化合物。紫苏叶水提物对金黄色葡萄球菌具有良好的抑制作用，最低抑菌浓度为 0.3125 g/L。紫苏叶的水浸液、水煎液、醇提液对大肠埃希菌、枯草芽孢杆菌、八叠球菌、金黄色葡萄球菌均有抑制作用，其中水浸液效果较好，对枯草芽孢杆菌的抑制作用最显著，最低抑菌浓度为 62.5 mg/mL。此外，紫苏叶醇提物对口腔变形链球菌具有抑制活性，当紫苏叶醇提物的浓度≥3.13 mg/mL 时，具有明显抑制口腔变形链球菌黏附和产酸的作用；抑制口腔变形链球菌体外生长的最低抑菌浓度为 12.5 mg/mL。紫苏叶的醋酸乙酯萃取物对金黄色葡萄球菌和大肠杆菌的抑菌活性最强，可提取分离出 5- 羟基 -6,7- 甲氧基黄酮、香树脂醇等 5 个具有抗菌活性的化学成分，对变形链球菌、枯草芽孢杆菌、蜡样芽孢杆菌、耐喹诺酮金黄色葡萄球菌、耐甲氧西林金黄色葡萄球菌均有抑制作用。紫苏叶中的三萜类化合物也具有较强的广谱抗菌作用，对大肠杆菌、金黄色葡萄球菌、铜绿假单胞菌的抗菌作用最明显，抑菌浓度为 0.48 ～ 15.50 mg/mL，最低杀菌浓度≥0.97 mg/mL。紫苏叶的水煎液对金黄色葡萄球菌有抑制作用，但对绿脓杆菌、伤寒杆菌、大肠杆菌、副大肠杆菌、宋氏痢疾杆菌、弗氏痢疾杆菌、炭疽杆菌等均无抑制作用。紫苏挥发油中的紫苏醛和柠檬醛具有一定的协同抗真菌能力。紫苏叶浸膏中所含的紫苏醛和柠檬醛起主要抑菌作用，这是因为两种化合物均是单萜系醛类物质，其作用部位也类似。紫苏挥发油对接种和自然污染的霉菌抑制力都明显优于羟苯乙酯。紫苏叶的煎液及浸液 2 g（生药）/kg，经口给药，对伤寒混合菌苗引起发热的家兔有微弱的解热作用。CN200910104603.5 也公示了从紫苏叶中提取的紫苏烯对金黄色葡萄球菌和大肠杆菌有抑制作用。紫苏叶提取物还有抗 HIV-1 和 HIV-2 病毒的作用。

紫苏叶油中的紫苏醛与柠檬醛是抑制细菌的主要物质，且主要成分紫苏醛具有广谱抗菌和抗真菌活性。紫苏叶油对金黄色葡萄球菌、大肠杆菌、红色毛癣菌、石膏样小孢子菌、絮状表皮癣菌均有抑制作用，以对金黄色葡萄球菌的抑制作用最强。紫苏醛型挥发油对大肠杆菌和枯草芽孢杆菌均有较好的抑制效果，对枯草芽孢杆菌作用稍强，其中紫苏醛含量 75.88%、柠檬烯含量 3.82%。紫苏醇提物能抑制枯草芽孢杆菌、酵母菌及大肠杆菌的生长。紫苏水提物中，黄酮类化合物和迷迭香酸可抑制霉菌、酵母菌、枯草芽孢杆菌和大肠杆菌生长，而对枯草芽孢杆菌和大肠杆菌的抑制作用更强。紫苏中的单萜类化合物也具有抗菌作用。不同浓度紫苏叶花青素对不同的菌株均有一定的抑制效果，尤其对大肠杆菌抑制效果较好，但对腐败希瓦氏菌的抑制效果不明显。

4. 抗抑郁

紫苏叶中的紫苏醛与迷迭香酸是抗抑郁的主要活性成分。小鼠强迫游泳实验证明，以迷迭香酸为主要成分的紫苏叶提取物能显著减少实验小鼠静止持续时间，产生抗抑郁作用。

5. 镇静作用

给小鼠口服紫苏醛 100 mg/kg 与紫苏醛型紫苏叶水提物 4 g/kg 可以延长由环己巴比妥引起的睡眠的时间。当紫苏醛 2.5 mg/kg 与植物甾醇

5 mg/kg 联合用药时，能显著延长小鼠睡眠时间，但单独给药时没有发现有延长睡眠时间的作用，说明二者的镇静作用是相互的，可能与植物甾醇可增加细胞膜流动性从而增强紫苏醛对中枢神经系统的作用有关。紫苏水提物对戊四氮致小鼠惊厥潜伏期有一定的延长作用。

6. 抗氧化、抗衰老

紫苏叶中提取的花色苷、挥发油、花青素、多糖、黄酮类和酚酸类物质具有良好的抗氧化作用，可开发为天然的抗氧化剂及食品添加剂，对抗机体的氧化衰老也有一定作用。紫苏叶的水提物和醇提物、花青素、挥发油均有清除羟基自由基、超氧阴离子自由基、DPPH 自由基等氧化自由基的能力。其水提物和醇提物主要成分为总黄酮、多糖、迷迭香酸类，其中 50% 甲醇提取物中迷迭香酸类成分含量较高、活性最好。紫苏中含有丰富的迷迭香酸，迷迭香酸可有效清除超氧化物，是主要抗氧化物，这种活性物质能够有效抑制细胞内超氧化物和过氧化物的形成，抗氧化性高于维生素 C，对由亚铁离子引发的卵磷脂过氧化有一定的抑制作用。紫苏叶水提物对大鼠肝脏氧化损伤也有一定保护作用，能降低谷胱甘肽和丙二醛等氧化应激指标，减少叔丁基过氧化氢诱导的肝细胞变性和中性粒细胞浸润。此外，紫苏叶总黄酮还有潜在的治疗慢性肾病的活性，对过氧化氢所致人肾小管上皮细胞毒性损伤有保护作用，且能明显提高人肾小管上皮细胞内过氧化氢酶和谷胱甘肽过氧化物酶等抗氧化酶的活性。

7. 抗肿瘤

紫苏叶提取物中主要成分如挥发油、迷迭香酸、黄酮类、花色苷等对肿瘤细胞有一定的抑制作用。紫苏叶的醇提物对人体结直肠癌细胞 HCT116 和肺癌细胞 H1299 也具有抑制作用，350 μg/mL 紫苏叶的醇提物能明显抑制这两种癌细胞的生长，导致细胞核形态的改变并有效抑制 H1299 细胞的迁移和 HCT116、H1299 细胞的黏附，表明其在体外对结直肠癌和肺癌有一定的抗癌活性。紫苏叶油对人肺腺癌 LTEP-α-2 细胞有一定的抑制作用，且呈剂量和时间依赖性，在浓度为 20 ～ 30 mg/mL 时抑制效果最好。采用提取离子色谱分析技术等从紫苏叶花色苷提取物中分离出 7 种花色苷，花色苷能诱使人宫颈癌 HeLa 细胞凋亡且具有剂量依赖性。研究发现，紫苏花青素在不影响正常细胞的情况下对癌细胞的抑制作用较强，且抑制强度和花青素的浓度成正比，证明紫苏花青素是一种较好的抗癌活性物质。柠檬烯与紫苏醇对大鼠晚期乳腺癌有治疗效果，作用途径可能为使蛋白异戊烯化。

8. 降血脂、降血糖、抗动脉粥样硬化

紫苏叶提取物通过影响脂肪合成、蛋白质代谢及抗氧化作用而具有良好的降血脂作用。紫苏叶醇提物对小鼠胚胎成纤维细胞 3T3-L1 和 ICR 肥胖小鼠（进行免疫药物筛选、复制病理模型较常用的实验动物）均有一定抑制作用。紫苏叶醇提物可减少 ICR 肥胖小鼠的体重、内脏脂肪量及附睾脂肪量，降低血糖和胰岛素水平。紫苏叶醇提物可通过影响脂肪转录因子的基因和蛋白表达来影响脂质代谢，这为临床研究肥胖症和相关的代谢综合征药物提供了实验依据。紫苏叶醇提物对高脂饲料喂养的高脂血症小鼠有显著的降血脂和抗氧化作用，能降低其血清中总胆固醇、甘油三酯、低密度脂蛋白胆固醇水平，提高高密度脂蛋白胆固醇水平，提高过氧化氢酶、谷胱甘肽过氧化物酶及超氧化物歧化酶活性。紫苏叶总黄酮能降低四氧嘧啶致糖尿病小鼠的血糖、血脂水平及血清丙二醛含量，提高血清超氧化物歧化酶的活性，其降糖机制可能与提高糖尿病小鼠抗氧化能力及改善血脂、血糖水平有关。通过腹腔注射链脲佐菌素 60 mg/kg 复制糖尿病小鼠模型，紫苏叶多糖连续给药 28 天，发现其能改善小鼠的口服葡萄糖耐量，上调血清中空腹血清胰岛素、高密度脂蛋白胆固醇水平，以及磷脂酰肌醇 -3- 羟激酶、磷酸化蛋白激酶 B、葡萄糖转运蛋白表达水平，同时下调血清中空腹血糖、低密度脂蛋白胆固醇、总胆固醇、甘油三酯水平以及胰腺组织中丙二醛水平。动物实验表明，紫苏叶水提物能降低家兔甘油三酯、总胆固醇水平，通过调整血脂代谢、抗脂质过氧化，从而起到抗动脉粥样硬化的作用。

9. 对神经系统的作用

紫苏叶提取物如挥发油、花色苷、迷迭香酸、黄酮类对神经系统有一定的作用，能修复神经创伤、影响神经递质传递。紫苏叶的醇提物可以明显改善小鼠的神经行为学指标，能提高超氧化物歧化酶、谷胱甘肽过氧化物酶水平，降低丙二醛水平，与其含有的花色苷能减轻氧化应激对神经细胞的损伤有关。紫苏叶的乙酸乙酯提取物和迷迭香酸对D-半乳糖致衰老小鼠的学习记忆障碍具有改善作用，能有效提高衰老小鼠脑超氧化物歧化酶和谷胱甘肽过氧化物酶水平，改善海马CA1区（人脑内的海马区主要与记忆能力有关。人脑内的海马分为4区，即CA1、CA2、CA3、CA4）神经细胞受损状态。紫苏叶油能改善轻度应激诱导的小鼠抑郁模型，促进神经递质5-羟色胺（可以使人产生愉悦的情绪，浓度降低会使人产生抑郁、精神不振、暴力或自杀行为）和5-羟基吲哚乙酸在海马区中的表达，其机制可能与改变5-羟色胺及其代谢产物的水平有关。此外，紫苏叶黄酮能抑制6-羟基多巴胺（制作帕金森病动物模型的第一种药物）诱导的偏侧性帕金森病小鼠脑内多巴胺能神经元的损失。紫苏叶水提物与紫苏醛对巴比妥酸盐引起的雄鼠睡眠有延长作用，并对大鼠的运动量有抑制效果。给小鼠灌胃紫苏叶的甲醇提取物能延长环己巴比妥的催眠作用时间。从紫苏叶中分离出的紫苏醛具有镇静活性，而且紫苏醛和豆甾醇具有协同作用。从紫苏中分离出的时萝芹菜脑对环已巴比妥引起的小鼠睡眠也有延长作用。

10. 对消化系统的作用

紫苏叶的石油醚提取物和醇提物能增加大鼠小肠碳末推进百分率（将小肠拉直，测量肠管长度作为碳末推进距离，在小肠中的推进长度占小肠全长的百分数为小肠碳末推进百分率）与胃部总酸度和总酸排出量，且呈现量效关系，表明紫苏叶的石油醚提取物具有促进肠胃消化吸收的作用。紫苏叶的醇提物能降低葡聚糖硫酸钠诱导的小鼠结肠炎模型血清中多向性的炎症因子肿瘤坏死因子-α、白细胞介素-17A和白细胞介素-10的水平，抑制炎症因子的产生并升高白细胞介素-10的水平。其主要成分木犀草素抑制炎症因子的产生；芹菜素抑制白细胞介素-17A的分泌并提高抗炎细胞因子白细胞介素-10水平。此外，紫苏烯为促进肠蠕动作用药物的活性成分。

11. 提高免疫力

紫苏叶油能提高小鼠的免疫力，增强小鼠血清中酸性磷酸酶活性，升高溶菌酶、一氧化氮、白细胞介素-2和免疫球蛋白M水平，且存在一定的量效关系。紫苏叶注射液对犬颈总动脉血管搭桥手术后的血管内膜增生均有不同程度的抑制作用，且呈现一定的量效关系。紫苏叶多糖能明显提高运动疲劳小鼠力竭后体内肝糖原、肌糖原等的含量，加速清除某些导致疲劳的代谢物质，维持细胞的正常生理功能，加快疲劳的恢复。紫苏叶成分维采宁-2对离体大鼠回肠有松弛作用，能抑制神经和肌肉活性，表现出抗胃肠道痉挛的作用。在酵母膏与氧嗪酸钾的复配剂建立的高尿酸血症小鼠模型中，紫苏叶灌胃给药4周后能缓解小鼠肾小管管腔扩张，下调小鼠的肾指数、尿酸、肌酐和尿素水平，促进尿酸排泄从而保护肾脏，其也可通过抑制黄嘌呤氧化酶（IC_{50}为5.80 mg/mL），从而改善高尿酸血症。紫苏叶油也可显著舒张氯化钾（60 mmol/L）诱导的大鼠胸主动脉血管收缩（EC_{50}为8.6 μg/mL），且其活性与其主要成分紫苏醛有关。此外，紫苏叶油也可通过抑制结肠平滑肌细胞Ca^{2+}-ATP酶的活性，促进细胞膜流动，进而调控结肠平滑肌细胞的收缩。紫苏叶的乙醚提取物能增强脾细胞的免疫功能，而乙醇提取物和紫苏醛有免疫抑制作用。

12. 止血作用

鲜紫苏叶外用有止血作用。紫苏注射液2 g（生药）/mL对动物局部创面有收敛止血作用，使结痂加快，并能缩短凝血酶原时间，止血的有效成分可能是缩合鞣质类。紫苏制剂对宫颈糜烂出血、息肉活检出血均有明显止血作用。其止血原理是能直接作用于血管，有短暂的收缩作用。另外，紫苏制剂还有较弱的促进血小板凝集作用；可促进血小板血栓的形成，此血栓类似动脉中的白色血栓，血栓能机械性堵塞伤口，以达止血效果；可缩短血凝时间、血浆复钙时间和凝血活酶时间，说明其对内源性凝血系统有促进作用，而对外源性凝血系统的影响并不明显。也有不同的研究报告认为紫苏可以延长不同动物的凝血时间，表明它有一定的抗凝血作用，它的浓度与凝血时间呈线性相关。与经典的强抗凝血药肝素相似，紫苏制剂是粗制品，抗凝血作用相对较小，肝素的抗凝血机制比较清楚而紫苏的抗凝血机制还不清楚。根据实验报道：一是不论体内、体外实验，紫苏能抑制由二磷酸腺苷和胶原引起的血小板凝集，可能是通过抑制血小板的活化，减少有关凝血因子的释放而延长凝血时间；二是紫苏在体外可使血浆中血栓素 B_2 浓度下降，通过血小板内合成和释放血小板聚集激活剂血栓素 A_2 的减少，减弱其对血小板的聚集作用而延长凝血时间。

13. 预防或治疗再生障碍性贫血

CN201710466663.6 报道了紫苏叶提取物对模型小鼠的体重、进食量和脏器指数下降具有逆转作用；可改善外周血及骨髓造血功能的各项指标，显著提高外周血红细胞、血红蛋白、白细胞、淋巴细胞、中性粒细胞以及血小板的含量，显著增加外周血网织红细胞数，显著增加骨髓细胞数和 $CD34^+$（CD34 细胞是造血干细胞的表面标志分子）细胞比例，改善造血功能。

（五）紫苏醛的生物活性

紫苏醛是紫苏叶油的主要化学成分，有重要的生物活性。

1. 紫苏醛治疗炎症性疾病或氧化应激相关疾病的潜在作用

紫苏醛为单萜类化合物。通过葡聚糖硫酸钠诱导的结肠炎小鼠模型发现，喂养 100 mg/kg 紫苏醛可抑制结肠炎症因子基因和 MMP-9 的表达（MMP-9 可通过释放血管内皮生长因子参与血管生成），使结肠损伤减少了 35.3%。 通过人角质形成细胞模型发现，紫苏醛不仅能够激活细胞核因子 E2 相关因子 2（细胞防御化学 / 氧化应激的重要调节因子）和血红素加氧酶 1（血红素分解代谢过程中的限速酶）的抗氧化途径，还能抑制苯并芘诱导的活性氧产生和芳香烃受体活化。

2. 紫苏醛抑菌作用

通过对樱桃番茄腐败真菌的研究发现，0.4 mL/L 的紫苏醛可使黑曲霉、米曲霉、链孢霉和黄曲霉的生长分别延迟 2、3、4、6 天，对菌丝产生的抑制率为 70.7% ～ 92.3%。0.5 mL/L 紫苏醛还能够抑制孢子的萌发。通过对甘薯采后黑斑病的研究发现，紫苏醛对甘薯长喙壳菌的最低抑菌浓度为 0.25 μL/mL，抑菌率可达 67%。其作用机制是通过促进细胞内 Ca^{2+}、活性氧的积累，进而线粒体膜电位发生去极化，线粒体损伤，导致病菌凋亡。

CN201811367784.6 公开了天然活性成分紫苏醛在防治口咽念珠菌病中的用途，揭示了单萜类化合物紫苏醛可以靶向于白色念珠菌的三大毒力因素：黏附性，菌丝相转变和分泌水解酶来抑制白色念珠菌对宿主产生的危害，以及通过调节体内 NLRP3 炎症小体来起到抗菌、抗炎的功效。本发明采用实时荧光定量、免疫荧光、紫外光谱扫描等技术发现紫苏醛在较低剂量 0.4 μL/mL 时就具有较强抗白色念珠菌功效。

CN201810790439.7 涉及紫苏醛植物杀菌剂在防治作物疫病中的应用，用植物杀菌剂活性成分紫苏醛，加上农药学上可接受的辅料制备而成的药剂，具有较强抑制辣椒疫霉菌和大豆疫霉菌的作用。采用平板抑菌和直接喷施实验，通过显微镜观察和统计分析证明了紫苏醛对大豆疫病和辣椒疫病的预防和治疗作用，紫苏醛可用于制备防治大豆疫病和辣椒疫病的药物。紫苏醛源于天然，无毒副作用，不易导致病原微生物产生耐药性，可用于防治大豆疫病和辣椒疫病等作物疫病；其对人畜安全，是一种低毒、有效的抑菌生物农药。因此，用紫苏醛作为植物杀菌剂有巨大的潜力。

3. 紫苏醛抗抑郁作用

通过强迫游泳实验与抗抑郁实验发现，吸入紫苏醛会通过嗅觉神经系统表达抗抑郁作用，而不是通过皮肤吸收。以脂多糖诱导的小鼠抑郁为模型，研究了抑郁行为与抗炎活性的关系，发现 60 mg/kg 紫苏醛可降低尾部悬挂测试与强迫游泳实验静止时间，并发现其白细胞介素 -6、

肿瘤坏死因子 -α 也降低了，前额皮质 5- 羟色胺、去甲肾上腺素增加了 1.75、1.27 倍。因此，紫苏醛的抗抑郁活性可能与抗炎作用有关。多项研究表明，紫苏叶中的紫苏醛对慢性不可预测轻度应激诱导的抑郁小鼠有抗抑郁作用，可恢复蔗糖偏好下降、减少静止时间而不影响运动活动，并发现其抗抑郁作用是通过增加海马脑源性神经因子 mRNA 和蛋白的表达。

4. 紫苏醛增强非特异性和特异性免疫

8.54 mg/kg 紫苏醛灌胃 21 天可显著升高小鼠腹腔巨噬细胞活性、脾和胸腺免疫器官指数，显著提高脾白细胞介素 -2 和 γ 干扰素 mRNA 水平，提高血清中免疫球蛋白 G 含量，降低免疫球蛋白 M 含量。给抑郁样行为小鼠灌胃紫苏醛 60 mg/kg 或 120 mg/kg 7 天可改善抑郁行为，小鼠单胺应答改变，前额叶 5- 羟色胺和去甲肾上腺素的浓度增加，且炎症因子 TNF-α 和白细胞介素 -6 水平降低。给大脑中动脉闭塞大鼠灌胃紫苏醛 36 mg/kg 或 72 mg/kg 7 天，大鼠神经功能缺损和脑梗死面积减少，脑缺血再灌注诱导的细胞凋亡减少，诱导型一氧化氮合酶活性、一氧化氮水平降低，以及炎症因子白细胞介素 -1β、白细胞介素 -6 和肿瘤坏死因子 -α 水平显著降低。

（六）紫苏黄酮的生物活性

黄酮具有清除细胞自由基、干扰氧化应激、增强免疫力、预防及治疗高血压和高血脂等功能。紫苏叶中含有多种黄酮及黄酮苷类化合物，主要为芦丁、木犀草素等，多与糖结合成糖苷类化合物存在，也有少部分以游离形式存在，提取物水解后所含成分主要为槲皮素。紫苏黄酮的抗氧化作用不仅可以阻止细胞的退化、衰老，以及治疗炎症，还能改善血液循环、降低血糖浓度。紫苏黄酮类化合物能有效清除人体体内过量的活性氧自由基，对大肠癌、皮肤癌、肺癌等有抑制效果，同时还具有抗心脑血管疾病、抗炎、抑菌、抗病毒等其他生物活性。

紫苏叶中的木犀草素则具有抗肿瘤、抗菌、抗病毒等作用。给小鼠灌胃木犀草素每只 0.5 mg/kg 可抑制血清肿瘤坏死因子 -α 和细胞间黏附分子-1的表达，抑制一氧化氮和活性氧的产生，缓解小鼠耳肿胀。小鼠腹腔注射木犀草素0.2 mg/kg，可抑制肿瘤坏死因子-α和细胞间黏附分子-1表达，降低组织白细胞浸润，显著提高脂多糖致死小鼠的存活率。

1. 紫苏黄酮抗氧化作用

氧化应激环境能够导致细胞内的活性氧升高和氧化应激酶系失活，从而可能会引起细胞发生氧化损伤和细胞凋亡，在氧化应激实验中常以过氧化氢作为模型药物构建体外氧化应激损伤模型，相关物质发生氧化应激反应，造成细胞氧化损伤。紫苏黄酮具有很强的抗氧化性，对清除人体自由基、缓解脂质过氧化等有一定的作用。紫苏黄酮可以辅助清除机体内的DPPH自由基、超氧阴离子自由基、羟基自由基、过氧化脂质等。当黄酮浓度在0.3 mg/mL时，对超氧阴离子自由基、羟基自由基的清除率分别为75%、77%。当紫苏叶黄酮浓度在100～400 μg/mL，显著缓解了过氧化氢对巨噬细胞增殖的抑制作用，且增强了胞内过氧化氢酶、谷胱甘肽过氧化物酶及超氧化物歧化酶的酶活力，表现出紫苏黄酮良好的抗氧化性，可缓解氧化应激造成的损伤。紫苏黄酮能显著降低高温下大豆油的过氧化值、*p*-茴香胺值和全氧化值，效果随着添加量的增加而增强。此外，黄酮类化合物还可作为抗氧化剂在鸡肉制品中应用。

随着紫苏黄酮浓度的增加，抗氧化性也随之增强。在黄酮浓度为0.5 mg/mL时，对DPPH自由基的清除率为36%。在黄酮浓度高于0.5 mg/mL时，紫苏黄酮具有良好的清除自由基能力，达到清除率90%以上。紫苏梗不同溶剂提取物中的黄酮含量与DPPH自由基清除率显著相关，其中乙酸乙酯提取物中总黄酮含量最高，为91.47 mg/g，乙酸乙酯提取物在实验浓度范围内对DPPH自由基、ABTS自由基和羟基自由基的清除率分别为80.78%（0.50 mg/mL）、99.78%（0.10 mg/mL）和92.75%（1.0 mg/mL）。其他溶剂提取物的总黄酮含量及抗氧化性次之。

2. 紫苏黄酮调节血糖作用

采用腹腔注射四氧嘧啶制造糖尿病小鼠模型，研究紫苏黄酮的降血糖作用，实验中将紫苏总黄酮提取溶液分为高、中、低剂量组，结果发现高剂量组（200 mg/kg）治疗糖尿病小鼠的降糖率为63.5%，接近于使用二甲双胍治疗糖尿病小鼠组的降糖率67.4%；紫苏黄酮中剂量组（100 mg/kg）的患糖尿病小鼠的降糖率达到55.8%，表明紫苏黄酮具有较好的降血糖作用；随着紫苏黄酮剂量的进一步增加（100～200 mg/kg），其调节血糖能力逐渐增强。该结果启示，未来治疗糖尿病过程中根据病情合理使用紫苏黄酮，可达到较好的降血糖效果。在另一项研究中，紫苏叶高剂量组黄酮提取物在600 mg/kg剂量下能显著降低正常小鼠的血糖，在400 mg/kg剂量下小鼠血糖有下降的趋势，但降糖效果相对于高剂量组要小得多，而紫苏根和茎中的提取物对小鼠的血糖几乎无影响。

3. 紫苏黄酮抗流感活性

为研究紫苏黄酮对体外抗流感活性（H1N1病毒）的影响，从东紫苏70%丙酮-水提取液中分离得到12个黄酮类化合物并研究其抗流感活性，发现纯化含量高的化合物2和化合物12的黄酮类化合物具有一定的抗流感活性，EC_{50}分别为26.16 μmol/L和21.51 μmol/L，表明紫苏黄酮抗流感效果明显。

4. 紫苏黄酮提高免疫力、抑制肺癌细胞

黄酮类物质能通过调节免疫功能抑制肺癌细胞增殖，达到抗癌效果。东紫苏黄酮化合物可以增强小鼠腹腔巨噬细胞的吞噬能力，从而提高小鼠免疫功能。

（七）酚酸类物质的生物活性

酚酸类物质具有抗氧化、抗过敏、抗肿瘤、抑菌和抗抑郁等功能。紫苏中含有丰富的酚酸类化合物，主要为迷迭香酸、咖啡酸等活性物质。紫苏籽中的迷迭香酸，在植物组织中通常会以酯化或糖苷化的形式存在，另外紫苏籽中还含有香草酸等。迷迭香酸与其他天然抗氧化剂相比，具有较强的清除体内自由基的能力，抗氧化能力强。迷迭香酸还具有抑菌、抗炎、抗肿瘤、抗辐射等功能。用超声提取技术优化工艺，提高了紫苏籽中迷迭香酸得率，但成本较高，大规模生产比较困难。从紫苏籽粕中提取出的迷迭香酸的抗氧化能力比抗坏血酸弱，但清除自由基能力比抗坏血酸强，可与其他抗氧化物配合使用。

（八）紫苏叶花色苷的生物活性

通过对比紫苏叶花色苷与紫苏叶水提物的抗氧化性发现，紫苏叶花色苷具有较强的抗氧化能力、DPPH 和 ABTS 自由基清除能力，抗氧化能力比紫苏叶水提物高出 2 倍，推测其作用机制与抑制氢转移反应过程终止自由基链式反应有关。紫苏叶花色苷的粗提物和纯化物对大肠杆菌、金黄色葡萄球菌、蜡样芽孢杆菌的抑菌圈直径分别为 10.28 mm、11.14 mm、13.26 mm，5.86 mm、10.29 mm、10.33 mm，最低抑菌浓度分别为 3.125 mg/mL、1.563 mg/mL、1.563 mg/mL，6.25 mg/mL、3.125 mg/mL、3.125 mg/mL。结果表明，紫苏叶花色苷具有一定的抑菌作用但活性不是很强，且花色苷粗提物的抑菌效果优于纯化物。

第九章

紫　苏　梗

紫苏梗别名紫苏茎、苏梗、紫苏杆。《中国药典》记载紫苏梗性温，味辛而淡，气微香，归肺、脾经，具有理气宽中、止痛、安胎等功效。紫苏梗为我国传统的药食两用型紫苏属植物，干燥茎，呈方柱形，角钝圆，长短不一，直径 5 ～ 15 mm，表面紫棕色或暗紫色，四边均有直沟和直纹，节部稍膨大，有对生的枝和叶痕，体轻，质硬，以茎粗壮、紫棕色者为佳。紫苏梗可在 7—8 月采割，鲜品除去根切成 2 cm 厚斜片，晒干。斜片呈长方形，木部黄白色，射线细密，呈放射状，髓部白色，疏松或脱落。《中国药典》规定紫苏梗中以迷迭香酸为药用标志成分，其含量不少于 0.10% 可达到标准。采用超高效液相色谱法测定了直径不同的紫苏梗中迷迭香酸及咖啡酸的特征图谱与质量分数，结果呈现出主要特征峰的峰面积随紫苏梗直径变大而降低的变化。聚类分析法和主成分分析法可把不同的紫苏梗直径分为两类，并认为紫苏梗直径和化学物质存在一定的关联。紫苏梗中有丰富的蛋白质及纤维素成分，可作为饲用添加物，或用于功能性成分的提取。由于紫苏梗产量较大，作为药用市场容纳量有限，紫苏梗的资源除少量入药和资源化提取紫苏梗中黄酮类物质、挥发油、迷迭香酸等外，目前大部分紫苏梗直接当作秸秆被处理，大多数被丢弃或焚烧，造成高价值天然活性成分丧失。

（一）紫苏梗的基本营养成分

紫苏梗蛋白质含量丰富，尤其是油用紫苏类型，显著高于常见的青饲及牧草；蛋白质中氨基酸种类齐全，必需氨基酸含量较高，是优良的蛋白质来源。紫苏梗粗脂肪含量不高，但脂肪酸种类丰富。紫苏梗矿质元素含量较高，尤其是硒含量丰富。紫苏梗中 β-胡萝卜素及维生素 C 含量均较高。紫苏梗中的主要活性物质为迷迭香酸、咖啡酸等，是营养价值较高的食品原料。

油用紫苏均来自紫苏原变种，药用紫苏多来自回回苏变种。比较油用和药用两种类型紫苏梗发现，油用紫苏梗中蛋白质、纤维素、粗脂肪、矿质元素及维生素 C 含量均较高于药用紫苏梗，更宜作为食用原料及饲料。对盛花期收获的紫苏梗进行成分检测：油用紫苏梗蛋白质质量分数为 27.485%，药用紫苏梗蛋白质质量分数为 13.548%，油用紫苏梗蛋白质含量比药用紫苏梗高一倍左右；油用紫苏梗粗脂肪质量分数为 2.070%，药用紫苏梗粗脂肪质量分数为 1.362%，油用紫苏梗粗脂肪含量也远高于药用紫苏梗；油用紫苏梗粗纤维质量分数为 21.983%，药用紫苏梗粗纤维质量分数为 21.011%，含量基本相当；油用紫苏梗总糖质量分数为 2.352%，药用紫苏梗总糖质量分数为 4.781%，药用紫苏梗总糖含量比油用紫苏梗约高一倍。油用和药用紫苏梗中不仅有较高含量的钙、钾元素，还分别含有 0.151 mg/kg 和 0.262 mg/kg 的硒。紫苏梗中蛋白质含量及纤维素含量与玉米、燕麦青饲，花生秧、苜蓿等豆科牧草，以及谷草、皇竹草等禾本科牧草比较，油用紫苏梗中蛋白质含量显著高于目前主要的青贮及牧草，其含量约为玉米青贮的2倍，超过谷草含量的5倍。药用紫苏梗中蛋白质含量除略低于苜蓿外，均高于其他类型牧草。两类紫苏梗中纤维素含量低于目前主要的青贮及牧草。紫苏梗富含木质纤维素，其纤维素和半纤维素含量达62.7%。若将紫苏梗有效水解成葡萄糖，进一步开发成生物质燃料乙醇等，不仅有利于改善资源紧缺、环境恶化的现状，还对人类社会实现可持续发展具有重要的经济和社会意义。利用纤维素酶水解紫苏梗，在pH 5.0和纤维素酶投加量720 U的条件下酶解24 h，酶水解率达72.42%。紫苏梗水解糖化的最优条件为：复合酶制剂投加量1.0 g，酶解温度45℃，酶解时间5.4 h，pH 5。在此条件下，还原糖含量为108.8 mg/g。

1. 紫苏梗中氨基酸组成分析

紫苏梗中已检测到18种氨基酸，种类齐全，包含人体必需的8种氨基酸（表9-1）。油用紫苏梗和药用紫苏梗氨基酸总量分别为139.63 mg/g、85.328 mg/g，其中必需氨基酸含量分别为65.085 mg/g、38.333 mg/g，计算必需氨基酸/总氨基酸值分别为46.61%、44.93%，必需氨基酸/非必需氨基酸值分别为87.31%、81.57%，已超过世界卫生组织及联合国粮农组织规定的理想蛋白水平。其必需氨基酸中，色氨酸含量最高，其次是赖氨酸、缬氨酸、亮氨酸。油用紫苏梗中氨基酸含量、必需氨基酸/总氨基酸值、必需氨基酸/非必需氨基酸值均高于药用紫苏梗。

表9-1　紫苏梗中氨基酸组成

名称	油用紫苏/（mg/g）	药用紫苏/（mg/g）	名称	油用紫苏/（mg/g）	药用紫苏/（mg/g）
天冬氨酸（Asp）	11.682	6. 518	赖氨酸（Lys）	18.548	7.938
丝氨酸（Ser）	6.322	4.391	苯丙氨酸（Phe）	1.413	1.647
谷氨酸（Glu）	21.224	9.439	蛋氨酸（Met）	1.660	1.752
甘氨酸（Gly）	1.847	1.173	苏氨酸（Thr）	1.679	1.963
组氨酸（His）	21.021	16.157	异亮氨酸（Ile）	7.736	4.012

续表

名称	油用紫苏 /（mg/g）	药用紫苏 /（mg/g）	名称	油用紫苏 /（mg/g）	药用紫苏 /（mg/g）
精氨酸（Arg）	1.621	2.243	亮氨酸（Leu）	4.429	4.081
丙氨酸（Ala）	1.101	1.056	缬氨酸（Val）	9.004	4.858
脯氨酸（Pro）	5.269	3.099	色氨酸（Trp）	20.615	12.082
半胱氨酸（Cys）	1.669	1.564	必需氨基酸（EAA）	65.085	38.333
酪氨酸（Tyr）	2.792	1.355	总氨基酸（TAA）	139.631	85.328

2. 紫苏梗中矿质元素分析

油用紫苏梗和药用紫苏梗在矿质元素组成上基本相似，钙及钾含量最高，其次是磷、镁、钠、铁、锌及铜，含量依次降低。油用紫苏梗中的钙、锌、钾、铜、磷含量略高于药用紫苏梗，药用紫苏梗中铁及硒含量高于油用紫苏梗。一般当粮油食品中硒达到 0.1 ～ 0.4 mg/kg、蔬菜中硒达到 0.03 ～ 0.25 mg/kg，即认为是富硒类食品。而在油用紫苏梗和药用紫苏梗中，分别检测到的硒含量是 0.151 mg/kg 和 0.262 mg/kg，天然硒含量较高，其营养价值应该获得重视。

3. 紫苏梗中食用特征性成分分析

在植物源蔬菜及食品中，叶绿素、β - 胡萝卜素及维生素 C 含量是主要关注的营养成分。紫苏梗中 β - 胡萝卜素及维生素 C 含量均较高，是营养价值较高的食品原料。据报道，红色胡萝卜及黄色胡萝卜中 β - 胡萝卜素含量分别约为 1.35 mg/100 g 和 3.62 mg/100 g，油用和药用两类紫苏梗中 β - 胡萝卜素含量均高于红色胡萝卜，但低于黄色胡萝卜。药用紫苏梗中 β - 胡萝卜素含量高于油用紫苏梗。在两类紫苏籽中 β - 胡萝卜素较高，含量分别为 0.36 mg/g 和 0.34 mg/g，而紫苏籽中 β - 胡萝卜素含量比紫苏梗高 15 倍左右。两类紫苏梗中维生素 C 含量差异较大，油用紫苏梗显著高于药用紫苏梗。对比几类蔬菜中维生素 C 含量：油菜为 26.33 mg/100 g，土豆为 19.29 mg/100 g，芹菜为 2.41 mg/

100 g，黄瓜为 8.87 mg/100 g。油用紫苏梗中维生素 C 含量高于上述几类蔬菜 2 ～ 3 倍，但药用紫苏梗中维生素 C 含量低于油菜及土豆，只高于芹菜及黄瓜。

（二）紫苏梗的药用成分分析

紫苏梗是我国传统的中药。紫苏梗中含有酚酸类、黄酮及其苷类、挥发油类、萜类、花青素等多种化学成分。胃脘胀闷、不思饮食，可将紫苏梗与陈皮、茯苓、鸡内金等一同调配药膳食用。胎动不安或是妊娠呕吐，可在医生指导下将紫苏梗与紫苏叶、陈皮等药材一起调配药膳食用。紫苏梗能激发动物子宫内膜酶活性增长。

1. 紫苏梗药材和饮片质量标准的参考依据

建议紫苏梗药材各指标范围可控制在：总灰分不得超过 5.0%，酸不溶性灰分不得超过 1.2%，水分不得超过 9.0%，迷迭香酸的含量不得低于 0.10%。建议紫苏梗饮片各指标范围可控制在：总灰分不得超过 4.0%，酸不溶性灰分不得超过 0.6%，水分不得超过 8.0%，迷迭香酸的含量不得低于 0.07%，在薄层色谱 - 生物自显影色谱图中迷迭香酸斑点清晰易辨。

2. 紫苏梗药用成分

药用紫苏梗中迷迭香酸、总黄酮、花青素和挥发油含量高于油用紫苏梗（表 9-2）。从药用特征性成分评价上来看，药用紫苏梗的药用价值要高于油用紫苏梗。紫苏梗的干燥茎富含木质纤维素和高附加值的天然活性成分，如迷迭香酸、阿魏酸、咖啡酸、木犀草素等。采用超临界二氧化碳萃取紫苏梗挥发油，用气相色谱 - 质谱法分离解析紫苏梗挥发油中含有的 81 种组分，包括侧柏醛、别香树烯、植醇、角鲨烯等。紫苏梗中含有多种黄酮类化合物，如黄酮类、二氢黄酮类、黄酮醇类、二氢黄酮醇类等。该类化合物中的酚羟基对各种自由基均有较强的清除能力。迷迭香酸具有较强的抗氧化、抗炎、抗菌、抗病毒、抗肿瘤的活性，是紫苏梗中主要关注的药用指标，是《中国药典》中紫苏梗评价的特征成分。因此，筛选高迷迭香酸含量的种质将是紫苏品质育种的一个重点。对 21 个不同种质紫苏梗中迷迭香酸含量进行检测，发现紫苏梗中的迷迭香酸质量分数为 0.04% ～ 0.43%。紫苏梗中迷迪香酸含量有较大差异，变幅为 0.33% ～ 2.97%。对油用紫苏梗和药用紫苏梗中迷迭香酸、总黄酮、花青素及挥发油含量进行测定，当迷迭香酸含量达到《中国药典》规定水平，即可在采收叶或籽时同时采收利用梗。当紫苏梗中迷迭香酸含量稳定，高于药典标准时产量较高，为适宜采收期。单面紫叶和双面紫叶紫苏梗中迷迭香酸的含量差别不大，且两者均为药典收录正品紫苏梗基源植物，因而在生产中，用作紫苏梗采收的紫苏种植可以不考虑单面紫叶与双面紫叶的品种差别。在使用紫苏梗作为药材时，还要注意紫苏梗药材在规定的温湿度环境下的贮存对含量的影响，贮存会使得部分产地紫苏梗药材中迷迭香酸含量偏低，随着时间的递增，含量总体呈线性下降趋势。紫苏梗中花青素及挥发油含量显著低于叶中，但仍有一定的含量。

表9-2 两类紫苏梗中药用特征成分含量分析

材料	迷迭香酸含量 / %	总黄酮含量 / %	花青素含量 / %	挥发油含量 / %
油用紫苏梗	0.245±0.016	1.546±0.028	0.066±0.009	0.097±0.098
药用紫苏梗	0.338±0.25	3.215±0.543	0.069±0.007	0.143±0.054

（三）紫苏梗提取物

1. 紫苏梗乙醇提取物

将 5 kg 紫苏梗晾晒除湿后粉碎，用 95% 的乙醇浸泡 12 h，料液比为 1∶2，充分搅拌，重复浸提 3 次，使紫苏梗中的化学成分溶解于乙醇中。将乙醇浸提液蒸去乙醇后即得到紫苏梗乙醇提取物。

2. 紫苏梗乙醇提取物的分离纯化

紫苏梗乙醇提取物可用有机溶剂萃取进一步分离纯化，如分别用正丁醇、氯仿、乙酸乙酯、石油醚 4 种有机溶剂以 1∶1 的体积比萃取紫苏梗的乙醇提取液至无色，可分别获得紫苏梗正丁醇提取相、紫苏梗氯仿提取相、紫苏梗乙酸乙酯提取相和紫苏梗石油醚提取相。在紫苏梗正丁醇提取相中的主要成分为有机酸类物质，用反高效液相色谱法测定的正丁醇提取相中存在没食子酸，没食子酸是一种有机酸，蒸干溶剂后得 26.4 g，得率为 0.06%；紫苏梗氯仿提取相为黄酮类和生碱类化合物，蒸干溶剂后得 29.7 g，其中有三萜类化合物齐墩果酸，得到紫苏梗氯仿提取相中齐墩果酸的得率为 0.09%，金丝桃苷的得率为 0.11%；紫苏梗乙酸乙酯提取相为有机酸类和香豆素类化合物，蒸干溶剂后得 34.5 g，乙酸乙酯相中有金丝桃苷，得率为 0.12%；紫苏梗石油醚提取相为油脂和三萜类化合物，蒸干溶剂后得 20.8 g。最终各萃取液都可获得紫苏梗提取物粉末。

3. 紫苏梗水提物

先将 200 g 紫苏梗溶于 1 L 蒸馏水中，浸泡 30 min，再加入 1 L 蒸馏水，煎煮至约 50 mL，过滤，得到 0.1 g/mL 紫苏梗水提物母液。

4. 紫苏梗中黄酮的提取

不同地区紫苏梗中黄酮含量有较大差异，其含量排序为河南产＞江苏产＞山东产。提取紫苏梗中黄酮的最佳提取工艺为：乙醇浓度 70%，提取时间 90 min，料液比 1∶10，提取次数 2 次。在此条件下提取测得的紫苏梗黄酮平均含量为 3.55%。

5. 超声波提取紫苏梗中黄酮类化合物和迷迭香酸

黄酮类化合物是一类在自然界广泛存在的、以 2- 苯基色原酮为基本结构的化合物。绝大多数植物体内都含有黄酮类化合物，主要包括黄酮、黄酮醇、二氢黄酮、二氢黄酮醇、黄烷醇、异黄酮、二氢异黄酮、花青素等。用超声波提取紫苏梗中黄酮类化合物和迷迭香酸的最佳工艺为：3% 硼砂水溶液为提取剂，料液比 1∶50，超声波输出功率 300 W，提取时间 90 min，提取温度 75℃。

6. 紫苏梗中木犀草素的提取

木犀草素是一种天然黄酮类化合物，多以糖苷形式存在于紫苏梗、花生、金银花、菊花等植物中，具有较强的抗氧化、抗炎、抗菌等功效，被广泛应用于食品、医药等行业。木犀草素提取技术主要有水提法、有机溶剂法、离子液体辅助微波法等。采用水热酸控法可以提取紫苏梗粉末中的木犀草素，水热酸控法运用在植物提取技术领域，具有高效、环境友好、简便等优点。一方面，高温（压）浸提环境不仅加剧木质纤维素分子间或分子内部基团振动，降低纤维素结晶度，还可促使溶剂水处于亚临界状态，易电离产生氢离子和氢氧根离子，从而增强植物纤维组织水解能效，打破组织致密三维网状结构，减少木犀草素等天然活性物质溶出的传质阻力；另一方面，酸性溶剂提取既加大纤维素中糖苷键水解，又维持溶出的天然活性物质稳定。影响木犀草素溶浸的因素主次为：水热温度＞水热时间＞柠檬酸质量分数＞料液比。获得的适宜工艺参数为：水热时间 120 min，水热温度 230℃，料液比 1∶20，柠檬酸质量分数 1%。从 2.0 g 紫苏梗粉末中可提取出木犀草素（901.049±0.60）μg/g。

（四）紫苏梗的生物活性

紫苏梗干燥茎常用于治疗水肿、心腹气滞、肾气游风等症，可用于方剂，治疗小儿咳嗽（风寒犯肺证）、肝胃不和之胃痞证、慢性浅表性胃炎。脾胃气滞引起的腹胀、胸闷、恶心、呕吐，可用紫苏梗、荷叶梗各 15 g 煎汤服用治疗。

1. 紫苏梗中各成分的药理活性

紫苏梗含有迷迭香酸、挥发油、紫苏醛、左旋柠檬烯等成分，具有扩张皮肤血管、刺激汗腺分泌而解热、抗过敏、降血糖等作用。有机酸类物质具有抗氧化、抑菌、消炎、抗病毒等作用，没食子酸是有机酸的一种，具有一定的抗氧化效果。药用植物中的三萜皂苷具有抗氧化、抑菌、降血糖等药理活性，在紫苏梗中含有三萜类化合物齐墩果酸。金丝桃苷属于黄酮醇苷类化合物，在体内有一定的抗氧化效果。

2. 紫苏梗各提取相的抗氧化作用

紫苏梗各提取相均具有不同程度的抗氧化作用，对超氧阴离子自由基、羟基自由基及 DPPH 自由基均有一定的清除能力。1 mg/mL 的紫苏梗乙酸乙酯提取相对羟基自由基的清除能力最强，清除率达 79%；正丁醇提取相对羟基自由基清除能力最弱。紫苏梗乙酸乙酯提取相对超氧阴离子自由基的清除能力较强，清除率达 62%；氯仿提取相对超氧阴离子自由基的清除率约为 59%；石油醚提取相对超氧阴离子自由基的清除能力最弱。紫苏梗各提取相对 DPPH 自由基均有一定的清除能力，乙酸乙酯提取相清除 DPPH 自由基能力最强，清除率达 83%；氯仿与正丁醇提取相清除 DPPH 自由基的能力相近。

第十章

紫苏挥发油

紫苏挥发油是植物中一类具有芳香气味、在常温下能挥发的油状液体的总称。紫苏挥发油又称紫苏精油。紫苏芬芳气味大多来自挥发油，是紫苏体内的次生代谢物质。挥发油在紫苏叶中的含量为0.03%～2.00%，是从紫苏的叶子和籽中提取的主要活性成分和特殊香气来源。根据品种的不同，紫苏挥发油所含化合物种类和比例也有很大差异。

（一）紫苏挥发油的化学成分

紫苏挥发油的药理功能与其化学组成紧密相关，不同类型的紫苏的挥发油成分及其含量存在差异性。紫苏叶挥发油中含有单萜类、倍半萜类、二萜类、芳香类、脂肪族类、烷烃类、酯类和多环杂烯类物质等，柠檬烯、紫苏醇和榄香烯等物质是构成紫苏特有香气的主要物质。挥发油中含量较高的有单萜类的紫苏醛、柠檬烯和倍半萜类的β-丁香烯，有的紫苏挥发油中紫苏醛含量可达50%以上，其含量随生长季节而变化。

1. 单萜类物质

单萜类物质主要为紫苏醛、紫苏烯、紫苏酮、紫苏醇、柠檬烯、薄荷醇、薄荷酮和薄荷烯酮等。紫苏醛和倍半萜石竹烯是紫苏叶和紫苏梗挥发油中的主要物质。紫苏醛和柠檬烯是天然紫苏挥发油的主要成分和特征辛香香气成分。

（1）紫苏醛。紫苏醛广泛地应用于食用香料配方和日用香精配方中，如茉莉、水仙等花香型香精，柠檬、留兰香及香辛料等香型香精。现代药理实验表明，紫苏醛具有抗衰老、降血脂、抗炎、抗抑郁、增强免疫、抑菌、抗肿瘤等功能。同一紫苏的梗、叶、果萼、籽中紫苏醛含量均有显著差异，主要集中在叶和果萼中；紫苏叶中紫苏醛含量为6.1 ～ 7.5 mg/g，果萼中的含量为3.7 ～ 3.9 mg/g。紫苏醛含量与叶型具有一定的相关性，可凭紫苏叶的外部形态来判断；同时选择开花期前后采摘紫苏叶为最佳时期。但紫苏挥发油不能唯紫苏醛论，紫苏酮、石竹烯、芹菜脑、榄香烯等均可作为紫苏挥发油的评价指标。

（2）柠檬烯。DL-柠檬烯，分子式$C_{10}H_{16}$，相对分子质量136.23，沸点175.5 ～ 176.5℃（101.72 kPa），密度0.8402 g/cm^3（20.85℃），折光率1.471 ～ 1.4803，过氧化值+96 ～ +104，相对密度0.838 ～ 0.880，可与乙醇混溶，几乎不溶于水。柠檬烯又称1,8-萜二烯、二聚戊烯、二烯萜、苎烯、二戊烯、白千层萜，为橙红色、橙黄色或无色澄清油状液体，有类似柠檬的香味。柠檬烯具有良好的镇咳、祛痰、抑菌作用，复方柠檬烯在临床上可用于利胆、溶石、促进消化液分泌和排除肠内积气。柠檬烯混溶于乙醇和大多数非挥发性油，微溶于甘油，不溶于水和丙二醇。柠檬烯含量大于等于93.0%时，与无水氯化氢形成二卤化物，与空气混合可爆，遇明火、高温、氧化剂较易燃，燃烧产生刺激烟雾。

2. 倍半萜类物质

倍半萜是指分子中含15个碳原子的天然萜类化合物，含有3个异戊二烯单元，具有链状、环状等多种骨架结构。倍半萜多为液体，主要存在于植物的挥发油中。紫苏倍半萜类化合物以β-丁香烯、石竹烯、α-荜澄茄油烯、β-檀香烯、异长叶烯等为主。

3. 二萜类物质

二萜是指分子中含有20个碳原子的天然萜类化合物，含有4个异戊二烯单元。由于二萜类物质相对分子质量较大，挥发性较差，故大多数不能随水蒸气蒸馏，个别挥发油中发现的二萜成分，也多是在高沸点馏分中。紫苏二萜化合物有植醇，分子式$C_{20}H_{40}O$，油状液体，沸点202～204℃（1.33 kPa），相对密度0.8497（25℃/4℃），几乎不溶于水，溶于有机溶剂；二萜化合物还有穿心莲内酯，分子式$C_{20}H_{30}O_5$，白色方棱形或片状结晶，是天然植物穿心莲的主要有效成分，具有祛热解毒、消炎止痛之功效，对细菌性与病毒性上呼吸道感染及痢疾有特殊疗效，被誉为天然抗生素药物。

4. 三萜类物质

三萜是含有30个碳原子的萜类化合物。从紫苏中可获得的三萜类物质主要为齐墩果酸、熊果酸、科罗索酸、山楂酸和坡模酸等。使用液相色谱-质谱联用仪在紫苏叶和梗中共检测出白桦脂酮酸、朦胧木酸和齐墩果酸等12种三萜类物质。委陵菜酸、常春藤皂苷元和灵芝醇A等为紫苏叶中特有的三萜类物质，并鉴定出紫苏中含有算盘子酮等6种三萜酸。

5. 甾体类物质

甾体类化合物的基本碳架具有1个环戊烷并多氢菲的母核和3个侧链，通常以游离态和甾醇酯态等存在。采用硅胶柱层析、Sephadex LH-20柱层析及反相硅胶柱层析等分离方法，从紫苏叶中分离出20-异戊基-孕甾-3β,14β-二醇、β-谷甾醇、豆甾醇和菜油甾醇4种甾醇类物质。

6. 芳香族类和脂肪族类物质

芳香族类和脂肪族类化合物也是紫苏挥发油中的主要成分，已报道的芳香族类主要有苯甲醛、芹菜脑、肉豆蔻醚、细辛脑、黄樟素、苯乙烯、洋芹醚、邻苯二甲酸二甲酯、甲基丁香酚和1,3-二甲基苯等物质。通过蒸馏法从紫苏叶与白苏叶中提取挥发油，并通过气相色谱-质谱法进行分析，分别检测到66种和65种化合物，15种为共有化合物，含量较高的是洋芹醚（76.392%）。在紫苏叶和梗中均检测到甲醛、6-甲基-苯并二氢吡喃-4-酮，而苯乙烯和对二甲苯只在紫苏梗中检测到。脂肪族类物质目前检测出新植二烯、7-辛烯-4-醇和茉莉酮。

7. 黄酮类物质

黄酮类物质是指以1,3-二苯丙烷$C_6—C_3—C_6$为骨架的天然产物，是以苷类形式存在的一类以色酮环为基础的化合物。目前已从紫苏成熟的叶和梗等器官中获得了黄酮、黄酮苷和花色苷化合物，不同地区的紫苏梗总黄酮含量存在明显差别。从紫苏叶和梗中共检测出10种黄酮类物质，木犀草苷、芹菜素-7-*O*-葡糖苷、木犀草素、芹菜素、槲皮素、刺槐黄素-7-*O*-芸为紫苏叶特有的6种成分，而紫苏梗只特有槲皮苷1种黄酮类成分，两者共同含有芹菜素-7-*O*-咖啡酰葡糖苷、木犀草素-7-*O*-葡糖醛酸苷、木犀草素-7-*O*-二葡糖醛酸苷3种成分。紫苏中黄酮含量丰富，达到10%以上，不同地域、不同环境的紫苏中黄酮含量存在差异。紫苏中黄酮化合物能够有效地清除机体中的氧自由基，对人体细胞的衰老有延缓作用，兼具抗氧化作用、较强的抗炎作用和抗过敏作用。

8. 花色苷类物质

花色苷是花色素与糖以糖苷键结合而成的一类化合物，使紫苏呈现由紫到绿等不同颜色。花色苷是类黄酮化合物，可清除体内自由基、增殖叶黄素、抗肿瘤、抗炎、抑制脂质过氧化和血小板凝集等。紫苏叶中花色苷类物质主要为丙二酰基紫苏宁、紫苏宁、葡糖苷、芍药素-3-（6′-乙酰）葡糖苷和天竺葵苷。

9. 酚酸类物质和苯丙素类物质

紫苏叶和梗中的酚酸类物质主要是迷迭香酸，少量是迷迭香酸和肉桂酸的衍生物。迷迭香酸衍生物主要为迷迭香酸甲酯、迷迭香酸乙酯和3,3′-乙氧基迷迭香酸等，迷迭香酸可以制成香料用于化妆品中；肉桂酸衍生物主要为阿魏酸、阿魏酸甲酯、咖啡酸和咖啡酸甲酯等；其他化合物有丹参素、原儿茶素、原儿茶酸、苯丙酸和绿原酸等。通过高效液相色谱法测定了紫苏叶中酚酸类化合物的含量，结果显示，酚酸含量为80%以上，主要为迷迭香酸和咖啡酸。苯丙素类化合物是由 C_6—C_3 连接的基本单元构成。紫苏的叶和梗已经检测到了苯丙素、香豆素和新木脂素等化合物。紫苏中苯丙素以苯丙酸酯最常见；香豆素主要为6,7-二羟基香豆素；新木脂素类化合物为柳叶玉兰脂素。

迷迭香酸是一种水溶性的酚酸类化合物，分子式为 $C_{18}H_{16}O_8$，相对分子质量为360.33，稳定性较好。研究发现紫苏花、叶、梗、籽中都有迷迭香酸的存在，其中花和叶中含量较多，紫苏籽粕中也有迷迭香酸。迷迭香酸含量会因紫苏的品种及采收期不同而不同，迷迭香酸不仅具有超强的抗氧化性及抑菌性，它还可以通过提高黑色素的含量和促进酪氨酸酶的表达来抑制光致癌。除此之外，它还有提高机体免疫力、保护神经元细胞、抑制病理血管的生成等生理功能。提取迷迭香酸的方法有很多，如超声波提取法、酶辅助超声提取法、有机溶剂提取法和热水提取法等。用乙醇提取迷迭香酸的最佳条件为：料液比1∶60，乙醇浓度40%，提取温度55℃。在最佳条件重复3次实验，得出迷迭香酸得率为（0.161±0.002）%。

10. 苷类物质和氨基酸类物质

紫苏中的苷类物质包括单萜苷、醇苷和其他苷类物质。单萜苷主要为紫苏苷A～D，苯丙素苷为紫苏苷E，氰苷为野樱苷、接骨木苷和苦杏仁苷异构体等；醇苷为苯甲醇葡糖苷；其他的苷类物质为香草酸-*O*-

葡糖苷、茉莉酸 -5′-*O*- 葡糖苷等。紫苏梗含有许多活性成分，如苷类和氨基酸类物质等，具有抗衰老、抑菌、抗炎、抗过敏、镇静、保肝、降血压和调节糖脂代谢等药理作用。从紫苏叶中检测到 17 种游离氨基酸，含人体必需的 8 种氨基酸。

（二）紫苏挥发油中已知化学成分的中文和英文名称

使用气相色谱 - 质谱法分离鉴定出的 80 种化合物的中文和英文名称如下：紫苏醛（perillaldehyde），紫苏酮（perilla ketone），D- 柠檬烯（D-limonene），β- 石竹烯（β-caryophyllene），芳樟醇（linalool），β- 芳樟醇（β-linalool），紫苏醇（perilla alcohol），反式紫苏醇（trans-perilla alcohol），β- 蒎烯（β-pinene），α- 蒎烯（α-pinene），香薷酮（elsholtzia ketone），葎草烯（humulene），1-（呋喃 -2- 基）-4- 甲基戊 -1- 酮［1-（furan-2-yl）-4-methylpentan-1-one］，β- 桉叶醇（β-eudesmol），α- 桉叶醇（α-eudesmol），石竹烯（caryophyllene），氧化石竹烯（caryophyllene oxide），甲基丙氧基环氧乙烷（propoxy methyl-oxirane），5- 甲氧基 -2- 戊酮（5-methoxy-2-pentanone），2,5- 二甲基 -4- 羟基 -3- 己酮（2,5-dimethyl-4-hydroxy-3-hexanone），苯甲醛（benzaldehyde），甲基庚烯酮（6-methyl-5-hepten-2-one），2- 乙基 -4- 甲基戊醇（2-ethyl-4-methylpentanol），γ- 松油烯（γ-terpinene），反式氧化芳樟醇（trans-linalool oxide），新二氢香芹醇（neodihydrocarveol），罗勒烯醇（ocimenol），4- 异丙烯基 - 环己酮（4-isopropenyl-cyclohexanone），松油醇（terpineol），4- 松油醇（4-terpineol），α- 松油醇（α-terpineol），β- 氧化蒎烯（β-pinene oxide），2- 乙酰基呋喃（2-hexanoylfuran），樟脑烯（2,7,7-trimethylbicyclo［2.2.1］hept-2-ene），香叶酸甲酯（methyl geranate），反式异柠檬烯（trans-isolimonene），大根香叶烯 B（germacrene B），α- 佛手柑油烯（α-bergamotene），丁香酚（eugenol），橙花醇乙酸酯（neryl acetate），古巴烯（copaene），β- 大马烯酮（β-damascenone），β- 榄香烯（β- elemene），异喇叭烯（isoledene），（+）- 喇叭烯［（+）-ledene］，金合欢烷（farnesane），大

根香叶烯 A（germacrene A），大根香叶烯 D（germacrene D），（+）-双环大根香叶烯［（+）-bicyclogermacrene］，β-紫罗酮（β-ionone），α-法尼烯（α-farnesene），β-法尼烯（β-farnesene），γ-榄香烯（γ-elemene），反式橙花叔醇（trans-nerolidol），（-）-环氧葎草烯Ⅱ［（-）-humulene epoxide Ⅱ］，（+）-香橙烯［（+）-aromadendrene］，反式β-苯甲酸松油酯（trans-β-terpinyl benzoate），莰烯（camphene），桧烯（sabinene），β-月桂烯（β-myrcene），水芹烯（α-phellandrene），α-异松油烯（α-terpinolene），β-去氢香薷酮（β-dehydro-elsholtzia ketone），香芹酚（carvacrol），香叶基丙酮（geranyl acetone），橙花叔醇（nerolidol），苯甲酸叶醇酯（cis-3-hexenyl benzoate），苯甲酸正己酯（hexyl benzoate），苯甲酸苄酯（benzyl benzoate），芹菜脑（apiole），α-古巴烯（α-copaene），肉豆蔻醚（myristicin），薄荷烯酮（menthenone），2-己酰呋喃（2-hexanoylfuran），白苏烯酮（egomaketone），1-辛烯-3-醇（1-octene-3-ol）。

（三）影响紫苏挥发油化学成分的因素

大量研究表明，紫苏挥发油的化学成分及其含量受多种因素的影响，在紫苏梗、叶和花蕾中紫苏挥发油的含量与种类也有明显差异。挥发油的成分含量受紫苏品种和地域生长环境的影响，采摘部位、采收时间、提取方法、栽培时间、采收时所处的生育期和紫苏叶性状等也会影响挥发油成分的含量及种类，不同的采收时间和采摘部位其挥发油含量和种类也明显不同。生长在寒冷地带的紫苏主要含有紫苏酮，温带环境下的紫苏主要含有紫苏醛和柠檬烯。紫苏叶中紫苏酮、芹菜脑、石竹烯和榄香烯等挥发性成分含量在生长期、开花期和落叶期这3个不同生育期也存在差异性，紫苏叶中挥发性成分含量在开花前高于开花后。

（四）据挥发油成分不同，紫苏分为不同的系统种型

紫苏挥发油的药理功能与其化学组成紧密相关，但紫苏挥发油的化学组成由于产地、气候、生长环境和提取方法等的不同，呈现明显的不同，种型是导致紫苏挥发油成分不同的原因之一。紫苏系统种型有多种分法，根据紫苏挥发油成分和芳香气味不同，可以将紫苏分为不同的系统种型。有的依据物质成分类型把紫苏分为 5 种挥发油系统，也有的将紫苏分为 8 种化学型或 6 种化学型。6 种化学型的紫苏主要成分分别为紫苏醛、紫苏酮、香薰酮、紫苏烯、类苯丙醇和反柠檬醛。

（五）我国学者提出的 7 种化学型

我国学者分析总结了国内文献汇报的 70 份不同来源的紫苏叶样品的挥发油，总结提出了 7 种化学型：① PA 型，主要成分为紫苏醛和柠檬烯。② PK 型，主要成分为紫苏酮。③ PAPK 型，主要成分为紫苏醛、柠檬烯和紫苏酮。④ PL 型，主要成分为紫苏烯。⑤ PP 型、PP-a 型，主要成分为芹菜脑；PP-m 型，主要成分为肉豆蔻醚；PP-e 型，主要成分为榄香素；PP-as 型，主要成分为细辛脑。⑥ PT 型，主要成分为薄荷烯酮和柠檬烯。⑦ F 型，主要成分为 2- 己酰呋喃。但随着对紫苏种质进行深入研究，还不断有新的化学型出现，如 C（柠檬醛）型、MT（β- 石竹烯、肉豆蔻碱）型、EK（香薷酮）型、PS（倍半萜）型等。PA 型和 PK 型紫苏为主流类型，但是 PK 型紫苏叶挥发油中的主要成分紫苏酮具有较强的肺毒性，故在药用和食用紫苏时，应该限定不用 PK 型。

（六）PA 型紫苏叶挥发油的主要化学成分

紫苏叶的性状不同，其挥发油成分也存在一定的差异。中医药传统认为紫苏叶以叶大、色紫、气味香浓者为佳，叶大、色紫、气味香浓的紫苏叶中紫苏醛含量最高，叶两面绿色或仅叶脉紫色且气味较弱

的紫苏叶中紫苏醛含量较低，叶全绿者几乎不含紫苏醛。临床上通常将紫苏醛作为评价紫苏挥发油的最重要指标，且紫苏醛是PA型紫苏叶挥发油的主要化学成分，所以紫苏叶的遗传性状与其挥发油的化学成分存在一定的联系。PA型紫苏叶背紫色或双面紫色、香气浓郁，与《中国药典》规定的紫苏叶药材性状相吻合，故采用PA型紫苏作为药用紫苏。

由于挥发油含量受到多种因素的影响，下面的相对含量没有具体数值而只有区间。PA型紫苏叶的主要化学成分相对百分含量（%）排序如下：紫苏醛，44.30 ～ 54.37；石竹烯，16.50 ～ 20.75；α-佛手柑油烯，8.59 ～ 13.18；D-柠檬烯，0.51 ～ 12.55；芳樟醇，1.16 ～ 2.42；葎草烯，1.51 ～ 2.14；大根香叶烯D，0.83 ～ 2.22；肉豆蔻醚，0 ～ 3.51；氧化石竹烯，0 ～ 1.97；γ-榄香素，0 ～ 1.63；紫苏醇，0 ～ 1.29；α-法尼烯，0 ～ 1.19；1-辛烯-3-醇，0 ～ 0.77。

1. 紫苏醛

紫苏醛分子式为$C_{10}H_{14}O$，相对分子质量为150.22，又称二氢枯茗醛、4-异丙烯基环己-1-烯-1-醛、1,8-对蓋二烯-7-醛，为无色至浅黄色液体，有紫苏、桂醛和枯茗醛等的气味，不溶于水，溶于乙醇、氯仿、苯和石油醚。紫苏醛有两种光学异构体，D-异构体和L-异构体，L-异构体偏多。紫苏醛分子含有醛基和烯键较活泼的官能团，因此易被转化为其他的衍生物。紫苏醛能与亚硫酸氢钠生成结晶性加成物，在空气中易氧化，生成相应的酸。

紫苏醛经肟化反应可制得甜味剂1,8-对蓋二烯-7-肟，此甜味剂又称紫苏糖或紫苏亭。从松节油先氧化、异构化成紫苏醛，再经肟化制备紫苏糖的反应如下：

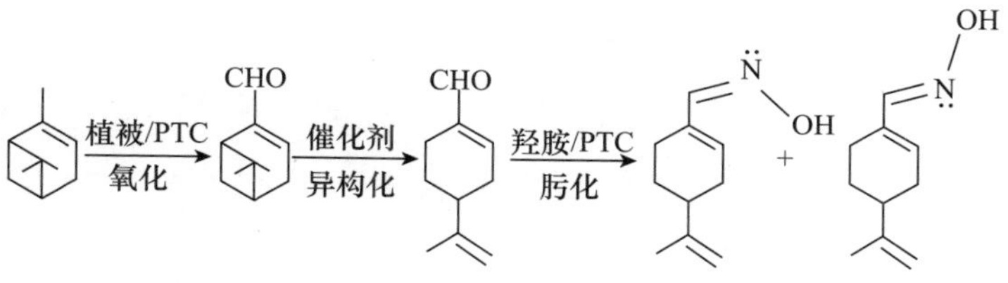

1,8-对蓋二烯-7-肟是一种值得开发的高甜度、低热量、无发酵性、无毒害，可作为饮料、糕点、烟草、牙膏、医药、酱油、蜜饯等产品的甜味剂和防腐剂。其甜度是蔗糖的2000倍、糖精的10倍多，其对酸、热稳定，用量极少，是国外受欢迎的甜味剂品种之一。目前国内其在卷烟行业中用量最大。实验结果表明，它能有效地抑制烟草烟气的杂气，增加香气，改善吸味，减少刺激，使吸者余味醇和而舒适。

2. D-柠檬烯

D-柠檬烯，又称苧烯，是单环单萜，分子式为$C_{10}H_{16}$，相对分子质量为136.24，为柠檬味液体，不溶于水，易与乙醇混合，通常以D-异构体形式存在，pH 6.7左右。

许多证据支持柠檬烯在癌症预防和治疗中有作用。体内研究发现，在多种肿瘤系统中，包括化学致癌物诱发的啮齿类动物的乳腺癌、皮肤癌、肝癌、肺癌和前胃癌模型，于癌症的起始和促进阶段柠檬烯均有化学预防作用。

3. 芳樟醇

芳樟醇别名里那醇，无色易燃的易流动液体，是链状萜烯醇类化合物。其分子式为$C_{10}H_{18}O$，相对分子质量为154.25，有α-和β-两种异构体。其具有铃兰香气，但随来源而有不同香气。在全世界每年排列出的最常用和用量最大的香料中，芳樟醇几乎年年排在首位。芳樟醇对大肠杆菌、变形杆菌、葡萄球菌、酿酒酵母菌、白色念珠菌、黑曲霉菌、琼脂等有很好的抗菌活性，可作为催眠和镇静剂加以使用，有很强的掩盖不良气味的能力。芳樟醇涂抹在皮肤上，可以起到驱除蚊子、苍蝇的作用，还具有杀螨的能力，对其幼虫、成虫都有效。

4. 石竹烯

石竹烯是一类双环倍半萜类化合物，有α-、β-和γ-三种异构体，无色至微黄色油状液体，不溶于水，溶于乙醇等有机熔剂，具有辛香、木香、柑橘香、樟脑香、温和的丁香香气。

5. 其他成分

其他成分包括：α-法尼烯、葎草烯、α-佛手柑油烯等。

（七）PK型紫苏叶挥发油的主要化学成分

PK型紫苏叶挥发油的主要化学成分，除PA型含有的石竹烯、α-法尼烯、芳樟醇、葎草烯外，还含有紫苏酮、白苏烯酮、氧化石竹烯、1-辛烯-3-醇等。按相对百分含量（%）排序如下：紫苏酮，41.56～68.18；白苏烯酮，13.59～37.32；石竹烯，3.23～8.58；α-法尼烯，1.65～9.15；芳樟醇，0～1.63；氧化石竹烯，0～1.49；1-辛烯-3-醇，0～0.78；葎草烯，0～0.69。

1. 紫苏酮

紫苏酮分子式为$C_{19}H_{24}O_3$，相对分子质量为300.39，又名鼠尾草酮，为一高度亲脂性的细胞毒剂。紫苏酮对啮齿动物有肺脏毒性。小鼠口服LD_{50}为78.9 mg/kg，腹腔注射LD_{50}为13.6 mg/kg。猪腹腔注射$LD_{50}>$158 mg/kg。

2. 白苏烯酮

白苏烯酮分子式为$C_{10}H_{12}O_2$，相对分子质量为164.2。

3. 氧化石竹烯

氧化石竹烯分子式为$C_{15}H_{24}O$，相对分子质量为220.3505，对眼睛和皮肤有刺激作用。

4. 1-辛烯-3-醇

1-辛烯-3-醇又名蘑菇醇，分子式为$C_8H_{16}O$，相对分子质量为128.212，为脂肪族不饱和醇，外观为无色至淡黄色油状液体，具有蘑菇、薰衣草、玫瑰和干草的香气，不溶于水，可溶于乙醇等有机溶剂。

（八）紫苏挥发油主要成分的化学结构

紫苏挥发油含有单萜类、倍半萜类、二萜类、芳香类和脂肪族类等多种化合物。

1. 萜类

紫苏挥发油中有30多种萜类化合物，萜类化合物是以异戊二烯为基本结构单元的化合物及其衍生物，主要分为单萜类、倍半萜类、三萜类化合物。紫苏中含有丰富的萜类化合物，单萜类化合物主要有紫苏醛、紫苏烯、芳樟醇，倍半萜类化合物主要有杜松醇、α-荜澄茄油烯，三萜类化合物有齐墩果酸、熊果酸等。

2. 三萜类和甾体类

紫苏叶中含有常见的三萜类和甾体类化合物，包括齐墩果烷型三萜：齐墩果酸、3-表山楂酸、马斯里酸、香树脂醇、augustic酸和绢毛榄仁苷；熊果烷型三萜：熊果酸、委陵菜酸、果树酸、山香二烯酸和科罗索酸；以及甾醇类化合物（20-异戊基-孕甾-3β，14β-二醇、β-谷甾醇、豆甾醇和菜油甾醇）。紫苏叶中代表性三萜类化合物的结构见下图：

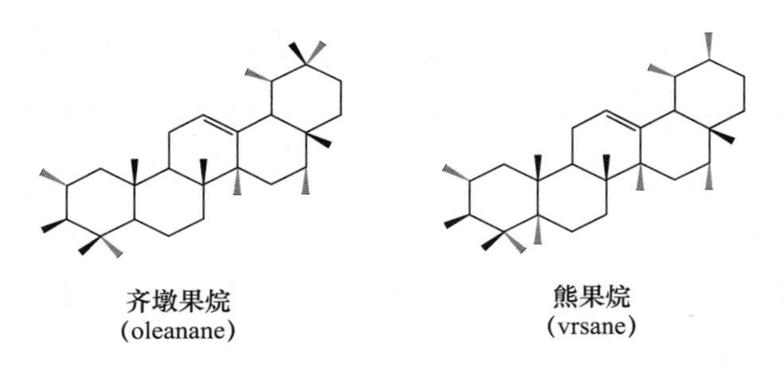

3. 脂肪族类

紫苏叶中代表性脂肪族类化合物的结构见下图：

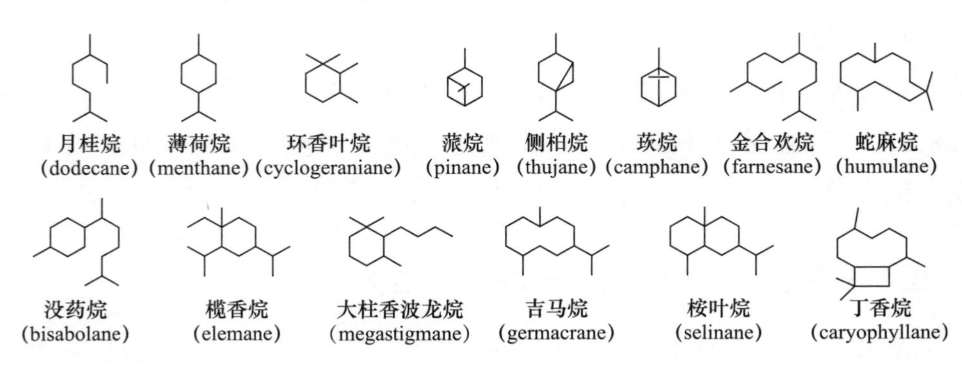

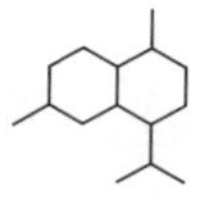
杜松烷
(cadinane)

檀香烷
(santalane)

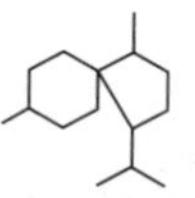
菖蒲烷
(acorane)

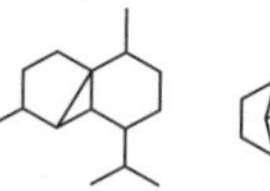
荜澄茄烷
(cubebane)

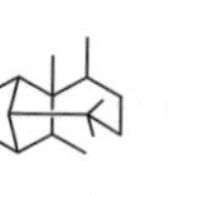
长叶烷
(longfolane)

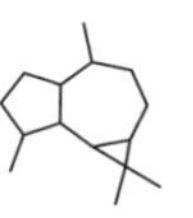
香木兰烷
(aromadendrane)

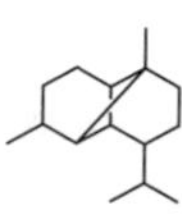
胡椒烷
(copane)

4. 黄酮类

紫苏叶中黄酮类成分包括芹菜素、芹菜素-7-*O*-葡糖苷、芹菜素-7-*O*-二葡糖醛酸苷、芹菜素-7-*O*-咖啡酰葡糖苷、木犀草素、木犀草素-7-*O*-葡糖苷、木犀草素-7-*O*-二葡糖醛酸苷、木犀草素-7-*O*-咖啡酰葡糖苷、金圣草黄素、高黄芩素、高黄芩素-7-*O*-二葡糖醛酸苷、野黄芩苷和黄芩素-7-甲醚等。

5. 花色苷类

花色苷属于多酚类物质，是植物的天然色素，赋予植物各种颜色。紫苏花色苷大量存在于紫色紫苏叶中，绿色紫苏叶几乎不含花色苷。紫苏叶花色苷的主要成分是紫苏宁、顺式紫苏宁、丙二酰基紫苏宁、丙二酰基顺式紫苏宁，以及以矢车菊素为苷元的葡糖苷类（如矢车菊素 3-*O*-咖啡酰葡萄糖-5-*O*-葡糖苷、矢车菊素-3-*O*-咖啡酰葡萄糖-5-*O*-丙二酰葡糖苷等）、天竺葵苷、芍药素-3-（6-乙酰）-*O*-葡糖苷、芍药素-3-*O*-葡糖苷、飞燕草素-3-*O*-阿拉伯糖苷、矮牵牛素-3,5-*O*-二葡糖苷、矮牵牛素-3-(6′-乙酰)-*O*-葡糖苷、锦葵花素-3-(6′-乙酰)-*O*-葡糖苷等。紫苏叶中含量最高的是丙二酰基紫苏宁，其次是紫苏宁。

丰富的黄酮和花色苷类化合物及其含量差异是紫苏颜色多样性的主要原因，也是紫苏显著的抗氧化性、抑制炎症和慢性疾病的物质基础。紫苏叶中代表性黄酮和花色苷类化合物的结构见下图：

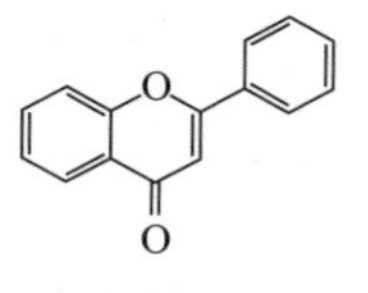

黄酮
(flavone)

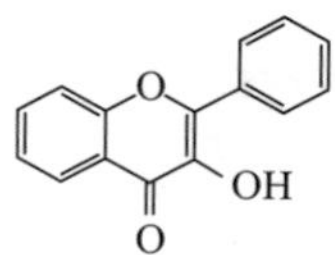

黄酮醇
(flavonol)

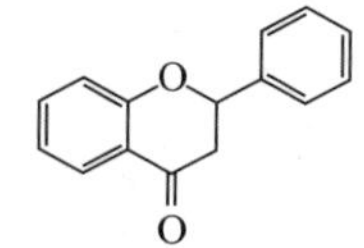

黄烷酮
(flavanone)

花色苷
(anthocyanin)

6. 酚酸类

从紫苏中分离的酚酸类化合物主要是迷迭香酸、咖啡酸、原儿茶醛等，还含有少量的阿魏酸等。酚酸类化合物是含有酚羟基和羧基的一类成分，多数酚酸成分具有儿茶酚（邻二苯酚）结构，因此有较多的活性作用包括抗氧化、抗菌和消炎等。酚酸类成分在药用植物中普遍存在，紫苏叶中的酚酸成分丰富，紫苏叶是紫苏酚酸种类最多的部位，大部分酚酸酯类衍生物存在于叶中。在紫苏酚酸成分中，迷迭香酸是含量最高的，也是目前研究较多的一类成分。紫苏叶中代表性酚酸类化合物的结构见下图：

迷迭香酸 (rosmarinic acid)　　肉桂酸 (cinnamic acid)　　5-咖啡酰奎尼酸 (5-caffeoylquinic acid)

7. 苷类

紫苏叶中含有多样的苷类化合物，包括紫苏苷 A、紫苏苷 E、氰苷（苦杏仁苷异构体）、野樱苷、接骨木苷、苯甲醇葡糖苷（苄醇葡糖苷）、苯戊酸 -3- β -D- 吡喃葡糖苷、胡萝卜苷，以及 8 个其他苷类（香草酸 -*O*- 葡糖苷、茉莉酸 -5′ -*O*- 葡糖苷、3- β -D- 吡喃葡萄糖氧基 -3- 表 -2- 异戊酸、甲基 - α -D- 半乳糖苷、5′ - β -D- 吡喃葡萄糖氧基茉莉酸、对羟基肉桂酰葡糖苷、葵烯酸 -5- 吡喃葡糖苷和乙酸芳樟醇 - β -D- 吡喃葡糖苷）。紫苏叶中代表性苷类化合物的结构见下图：

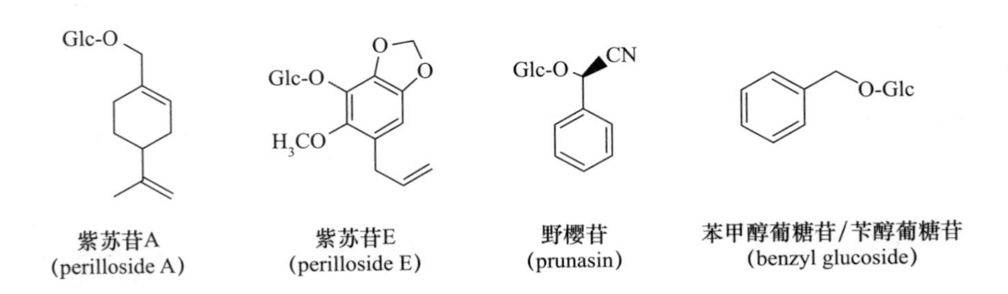

紫苏苷A (perilloside A)　　紫苏苷E (perilloside E)　　野樱苷 (prunasin)　　苯甲醇葡糖苷/苄醇葡糖苷 (benzyl glucoside)

（九）紫苏挥发油主要成分的生物活性

1. 花色苷类化合物

花色苷类化合物是紫苏的主要颜色来源，花色苷作为天然的水溶性色素，主要存在于植物中。对比人工合成色素，天然色素更为安全可靠，且对人体具有多种功效，如抗氧化、清除自由基、抗癌、抗糖基化、抗炎及抗病毒等。紫苏花色苷在 100 μg/mL 时对超氧阴离子自由基、羟基自由基、DPPH 自由基等的清除率为 60% 以上。花色苷对糖基化的抑制率随其浓度增加而增强，花色苷提取物能够使炎症细胞的活性明显降低，抑制触发炎症效应的相关蛋白表达，从而达到抗炎作用。

2. 紫苏醛

紫苏醛可用于控制炎症，提升动物机体免疫力，降低大肠杆菌数。紫苏醛能显著提高免疫器官指数和腹腔巨噬细胞酸性磷酸酶的活性，降低免疫球蛋白 M 的水平，提高免疫球蛋白 G 的水平，表明添加适量紫苏醛能增强小鼠的非特异性免疫和特异性免疫。以 8.54 mg/kg 紫苏醛灌胃 21 天，发现小鼠腹腔巨噬细胞酸性磷酸酶活性、脾脏指数和胸腺指数，以及脾脏白细胞介素 -2、干扰素 - α mRNA 水平均显著升高。研究发现，喂服 100 mg/kg 紫苏醛可诱导能影响细胞凋亡、炎症和肿瘤的发生的 c-Jun 氨基端激酶的表达，通过抑制炎症因子基因和蛋白质的表达显著改善小鼠结肠炎症状。

3. 紫苏醇

紫苏醇即二氢枯草醇。紫苏醇是单萜类的天然产物，为无色较黏稠液体，具有温暖的草香，略带木香和花香，主要以游离态或酯的形式天然存在于紫苏叶中。紫苏醇性质稳定，耐热、耐酸，不易挥发，不溶于水，溶于甲醇、乙醇和乙腈等有机溶剂。紫苏醇可从紫苏挥发油中分离获得，采用有机溶剂或超临界二氧化碳萃取，但含量太低，分离不易，从而导致成本过高。利用金属丝网填料制成的装置，通过精馏方式提纯紫苏醇，其含量及色泽均有较大改进。

紫苏醇有较高的抗癌活性，可抑制癌细胞生长。局部涂抹紫苏醇能抑制紫外线诱导的皮肤癌；用膳食补充紫苏醇加上基因疗法治疗胰腺癌，可抑制胰腺癌细胞生长。临床上紫苏醇常与其他药物联合组成协同抗癌制剂、与其他化合物耦合共轭形成新的化合物。近年来对紫苏醇的抗癌机制研究取得很大突破，在鼻腔靶向给药治疗胶质母细胞瘤方面，我国研究人员合成了一个新兴药物紫苏醇替莫唑胺，用于治疗鼻咽癌。紫苏醇不但具有抗氧化性，而且能明显改善乙醇诱导的急性肝损伤。但口服较大剂量紫苏醇后对患者有副作用，会导致肠胃不适、呕吐和腹泻。经过多年临床实践，通过鼻腔靶向给药，能够绕过血脑屏障快速到达中枢神经系统，大大降低系统性污染和减少副作用。目前，紫苏醇内服注射药剂主要是胶囊、紫苏醇亚微乳和紫苏醇壳聚糖亚微乳，外用多采用紫苏醇精油及紫苏醇软膏。另外，紫苏醇还被广泛应用于食品、保健品、香精、香料领域。紫苏醇还可用于仿制柑橘、香草、水果型食用香精和日化香精，制成乙酸酯，制作保健食品，是一种非常好的食品添加剂。一些化妆品如薰衣草等精油中都含有紫苏醇。

4. 异紫苏酮

据报道，异紫苏酮能够抑制活性氧对细胞的氧化损伤作用，并通过调节磷脂酰肌醇 3 激酶 / 蛋白激酶 B 信号通路诱导病变细胞凋亡。雄性小鼠每天经口灌胃 10 mg/kg 异紫苏酮，能减少炎症细胞浸润和水肿的形成，全血中的中性粒细胞与淋巴细胞比例下降至 85%，从而延迟关节炎的发作并缓解胶原蛋白抗体诱导小鼠关节炎的症状表现。但要注意异紫苏酮对家畜的危害作用。

5. 木犀草素

木犀草素在体内极少以游离形式存在，大多数木犀草素在肠道吸收后生成木犀草素 -3′-*O*- 葡糖苷、木犀草素 -7-*O*- 葡糖苷及其他衍生物。木犀草素可降低肿瘤坏死因子 -α、白细胞介素 -1β、白细胞介素 -6 和丙二醛的含量，提高超氧化物歧化酶和谷胱甘肽过氧化物酶的活性，缓解白细胞介素 -6 引起的炎症疾病，并能改善学习和短期记忆功能障碍。

6. 酚酸类化合物

酚酸类化合物是指在芳香烃中苯环上的氢原子被羟基取代所生成的化合物。由于可被羟基取代的高反应性和吞噬自由基的能力，酚酸类化合物具有抗氧化、抗癌和抗糖尿病的作用。紫苏籽中酚酸类化合物主要是迷迭香酸，在植物组织中通常会以酯化或糖苷化的形式存在，迷迭香酸具有抗氧化、调节免疫的功能。迷迭香酸与其他天然抗氧化剂相比，具有较强的清除体内自由基的能力。迷迭香酸还具有抑菌、抗炎、抗肿瘤、抗辐射、抗过敏、抗病毒和提高免疫的作用。25 mg/kg 迷迭香酸可缓解超过 60% 大鼠足爪肿胀，抑制中性粒细胞活性。迷迭香酸还可以减少炎症因子的全身性释放，减轻肝、肾、肺等多器官功能障碍，减少气道黏液高分泌，抑制支气管肺泡灌洗液中炎症细胞的增加，改善气道高反应性并延缓气道炎症。另外还发现紫苏籽中还含有香草酸和西咪达鸟嘌呤等酚酸类物质。

7. 色素

紫苏含有黄色素、红色花青素等多种色素，其中紫苏苷是一种天然红色素，可用作天然食用色素。紫苏中所含的色素是一种天然色素，可用于着色，同时具有独特的生理功能，是天然无污染同时兼具特殊保健功能的色素，是可食用食物着色剂的发展方向。

8. 香豆素类化合物及其他物质

紫苏叶中含有香豆素类化合物（6,7- 二羟基香豆素、七叶内酯）和新木脂素类化合物（柳叶玉兰脂素等）。此外，紫苏叶中还含有有机酸（柠檬酸、茉莉酸），类胡萝卜素（色素类叶黄素、新黄素、百合黄素、堇菜黄素、β - 胡萝卜素），脂肪酸（棕榈酸、油酸、亚麻酸、亚油酸），多种维生素和金属元素等化学成分。

（十）紫苏挥发油的提取方法

紫苏挥发油是从紫苏全草中获得的一种挥发性芳香物质，主要来源是皱紫苏、尖紫苏等的叶子，在紫苏籽中也含有一定含量，但不易被提取。传统的方法有水蒸气蒸馏法、有机相萃取法等。随着技术的发展，衍生出许多优化或者全新的方法，如超声波辅助溶剂萃取法、液-液萃取法、超声波辅助有机溶剂萃取法、超临界二氧化碳萃取法、微波辅助萃取法、微波辐射诱导法、无溶剂微波萃取法及生物酶解技术法等。此外，还有不涉及任何化学溶剂，并在中等温度下运行的绿色提取工艺，即渗透蒸发法。各种提取方法各有其优缺点，不同的提取方法所提取的挥发油成分会存在一定的差异。如对紫苏水蒸气蒸馏和乙醇回流提取所得挥发油进行鉴定，结果证明，水蒸气蒸馏所得挥发油中弱极性、低挥发性组分含量较多，而醇提物中挥发油组分既有极性的，又有非极性的，相对分子质量大的物质居多，同时也含有大量的天然色素。

1. 水蒸气蒸馏法

水蒸气蒸馏法是植物天然香料如挥发油等分离和提取最常用的方法。它不仅可以从植物叶茎中提取挥发油、从中药中提取挥发油和天然药物，还可以从大量的有机物中分离出少量的易挥发的杂质组分。它能够降低蒸馏温度、产量大、成本低、设备简单、操作方便。当挥发油在水中的溶解度稍大时，可采用盐析法，促使挥发油自水中析出，或者用低沸点有机溶剂萃取馏出液，即提得挥发油。水蒸气蒸馏法即香料与水构成挥发油与水的互不相溶体系，当加热时，随着温度的升高，挥发油和水均要加快蒸发，产生混合体蒸气，其蒸气经锅顶鹅颈导入冷凝器中得到水与挥发油的液体混合物，经过油水分离后即可得到挥发油产品。水蒸气蒸馏法提取挥发油的工艺如下：称取 5 kg 干燥的紫苏全草粉碎成粗粉，装入挥发油提取装置中，加蒸馏水浸泡 2 h，在 100℃下蒸馏 3 h，无挥发油蒸出后停止蒸馏。由冷凝器中得到水与挥发油的液体混合物，经过油水分离后即可得到挥发油产品，再将挥发油转移至试管，用无水硫酸钠干燥除水后称重，并计算提取率。根据《中国药典》中挥发油测定方法进行测定，计算公式为：紫苏挥发油提取率（%）= 提取出的紫苏挥发油质量（g）÷ 紫苏粉质量（g）×100%。

水蒸气蒸馏法是目前最常用、最经典的一种挥发油的提取方法，适合应用于工业化生产，为当前挥发油提取的国标方法。水蒸气蒸馏法相比于超临界二氧化碳萃取法和超声波辅助溶剂萃取法等，具有对挥发性成分的影响较小、提取率较高等优点。水蒸气蒸馏法也有不足之处，如原材料消耗大、提取时间长等，因而衍生出许多改进的辅助方法，如纤维素酶辅助水蒸气蒸馏法、氯化钠盐析辅助水蒸气蒸馏法、微波辅助水蒸气蒸馏法等。纤维素酶辅助能水解纤维素、破坏细胞壁，从而促进挥发油逸出、缩短提取时间、提高提取效率；氯化钠盐析辅助能降低挥发油在水中的溶解度，促进溶在水中的部分挥发油被蒸出，进而提高挥发油得率。纤维素酶辅助水蒸气蒸馏法和氯化钠盐析辅助水蒸气蒸馏法这两种提取方法条件温和，不易破坏挥发油活性成分结构，提取出的活性成分含量高，可以显著提高挥发油得率。超声预处理有利于细胞壁的破裂，进一步促进了微波辐射下细胞内组分的释放，有助于提高挥发油得率。

2. 直通蒸汽法

直通蒸汽法和共水蒸馏法的提取原理基本相同，区别主要在于提取温度的差异。直通蒸汽法对于质地疏松的叶类药材具有适用性好、蒸馏时间短、油得率高、稳定性好、对环境污染小等优点。直通蒸汽法和共水蒸馏法提取的挥发油成分无显著性差异，紫苏挥发油提取率虽无显著提高，但直通蒸汽法的提取时间明显缩短，提取效率显著提高。影响挥发油提取率的因素从大到小依次为：提取时间、蒸汽压力、药材细度，提取时间和蒸汽压力对提取效果影响显著，而药材细度影响不显著。因此，为了降低生产成本可以适当降低药材的粉碎程度。直通蒸汽法提取紫苏挥发油的最佳提取条件为：药材细度 3 cm，提取时间 2 h，蒸汽压力 0.01 MPa。该工艺条件下紫苏挥发油提取率达 0.373%，紫苏醛含量达 52.06%。总之，直通蒸汽法提取紫苏挥发油的提取效率高、环境污染小，可以在生产中广泛应用。

3. 有机溶剂萃取法

有机溶剂萃取是根据分配定律，用与液体样品（如水）不混溶的溶剂和样品液体接触、分配、平衡，使溶于样品液体相的化合物转入提取溶剂相的过程。提取效率的高低取决于化合物与提取溶剂的亲和性、二相的体积比和提取次数3个因素。提取时一般多选用非极性或弱极性溶剂。该技术常用溶剂有石油醚、乙醇、甲醇、二氯乙烷等，其中石油醚对紫苏挥发油的提取效果优于乙醚，也可以使用有机溶剂的混合物。有机溶剂萃取法萃取后的有机相（含所需化合物）还要用水或饱和食盐水洗，进一步纯化有机相。所得产物为浸膏、香树脂、油树脂、净油和酊剂等。有机溶剂萃取法的主要缺点是有机溶剂残留高、毒性大、萃取时间长、效率低、不能自动操作。故此方法并不经常使用。

4. 超声波辅助有机溶剂萃取法

超声波是一种频率在20 kHz以上的声波。超声波对媒介主要产生独特的机械振动作用和空化作用。超声辅助有机溶剂萃取法提高了提取效率、缩短了生产周期，并且所提取的有效成分的含量也得到提高。但是有机溶剂的残留高、毒性大，加上超声波对植物细胞的破碎作用，使得杂质混入更多，尤其是色素及多糖类物质，杂质的去除不但增加了提取操作的烦琐性，也导致挥发油有所损耗。由于选用的萃取剂石油醚是亲脂性的，提取的成分大多为脂溶性，故提取率较低。因而，该萃取工艺虽会用到，但是并不多见。

5. 微波辅助萃取法

微波辅助萃取紫苏挥发油效率高的机制在于微波使植物体细胞膜和线粒体遭到了严重破坏，叶绿体、淀粉粒等细胞器内容物加速流出。这一方法不仅节省时间，而且得率较高，与水蒸气蒸馏法相比有较大的优越性。采用微波辅助萃取法提取紫苏叶油，微波萃取的最佳工艺为：以环己烷为萃取剂，微波功率329 W，微波时间80 s，料液比1∶6，浸提时间56 min。紫苏叶油的实际得率为1.783%。而同一紫苏原料进行水蒸气蒸馏提取挥发油，得出最佳工艺为：浸提2 h，蒸馏3 h。在这一工艺条件下，最后紫苏叶油的得率为 0.1517%。

6. 同时蒸馏萃取法

同时蒸馏萃取法的突出特点是将样品的水蒸气蒸馏和馏分的溶剂萃取两个步骤合二为一。它可以把 10^{-9} 浓度级的挥发性有机物浓缩数千倍，对微量成分提取效率很高，而且在 10^{-6} 级浓度范围内对大多数有机化合物有一定的提取率，特别适用于挥发油制备。同时蒸馏萃取同固相微萃取、顶空进样等相比，具有良好的重复性和较高的萃取量，而且操作简便、定性和定量效果好，是一种行之有效的前处理方法。

7. 超临界二氧化碳萃取法

超临界二氧化碳萃取法具有无毒、不易燃、价格低廉、最大程度保持原材料有效成分等优点。与传统的萃取法相比，采用超临界二氧化碳萃取法提取挥发油，其油得率相对较高。超临界二氧化碳萃取法可提高速度和选择性，萃取高质量的挥发油，可以很好地保留挥发油的抗菌、抗炎和抗氧化等活性。在超临界二氧化碳萃取压力 20 MPa、温度 45℃、二氧化碳流量 30 kg/h、时间 100 min 条件下，挥发油提取率为 5.31%。超临界二氧化碳萃取法提取的植物挥发油中含有较多能应用于食品、香料和医药等领域的醇、酯、不饱和脂肪酸等成分，从而该法得到了广泛的应用。

8. 超声波辅助超临界二氧化碳萃取法

超声波辅助超临界二氧化碳萃取法是超声波辅助提取法和超临界二氧化碳萃取法的组合程序，适用于挥发油的提取。采用超声波辅助超临界二氧化碳萃取紫苏挥发油，并对比了传统超临界二氧化碳萃取法、水蒸气蒸馏法和热回流萃取法这几种提取方法，发现通过超声波辅助超临界二氧化碳萃取法获得的挥发油得率最高。这可能是由空化、热和机械作用引起的，这些作用可能会增加原始基质的溶胀、水合、分子间运动和传质，导致植物细胞壁中的孔扩大和破裂。超声波与微波辐射在挥发油的提取中都具有协同作用，如超声波预处理结合微波辅助水蒸气蒸馏法可以显著提高挥发油的得率，且提取的挥发油含有更高比例的含氧单萜（如紫苏酮、紫苏醛、紫苏醇、芳樟醇等）和倍半萜烯（如 β-石竹烯、氧化石竹烯等）。此外，超声波预处理结合微波辅助水蒸气蒸馏法提取的紫苏叶油表现出更高的抗氧化性、细胞毒性和抗菌性。紫苏醛、芳樟醇、β-石竹烯均具有较好的抗菌性，紫苏醇、β-石竹烯、氧化石竹烯均具有较高的细胞毒性，因此超声波预处理结合微波辅助水蒸气蒸馏法提取的紫苏叶油表现出更高的抗菌性和细胞毒性与这些成分含量的增加有一定关联性。

（十一）紫苏挥发油成分分析方法

挥发油成分的分析方法有很多，如气相色谱-质谱法、嗅闻（电子鼻）、气相色谱-离子迁移谱法和气相色谱-嗅闻技术等。

1. 气相色谱-质谱法

随着计算机技术和气相色谱-质谱的发展、质谱谱库容量的扩充，气相色谱-质谱联用已成为植物挥发油混合物分离、鉴定最常用的手段，可对植物挥发油成分进行定性和定量分析。在有效成分提取后，色谱-质谱联用是先利用色谱柱的高效分离作用，将混合物分离成纯物质分别进入质谱仪，再利用质谱仪的高分辨定性鉴定手段，对色谱分离出来的纯物质一个个进行鉴定。采用气相色谱-质谱法，经数据系统处理并结合总离子图峰面积归一法测定其组分的相对含量，然后用质谱谱库检索及人工谱图解析，对物质进行鉴定。

色谱条件可采用：Rtx-1MS 柱（30 m×0.25 mm×0.25 μm），进样口温度 200℃，分流进样，分流比 5∶1，进样量 1 μL，流速控制模式为线速度控制，柱流速 1.00 mL/min；程序升温，起始温度 60℃，然后以 5℃/min 的升温速率升温至 250℃，停留 20 min。由分出的峰数确定化合物的种数，各组分的相对含量通过色谱数据面积归一法获得。由质谱准确测定各组分化合物的相对分子质量。若使用高分辨质谱测得分子离子的精确 m/z 值时，即可推定分子式（元素组成）。质谱的电子电离源，轰击电压 70 eV，离子源温度 200℃，接口温度 250℃，采集延时

1.5 min，全离子检测，m/z 50 ～ 700。由每张质谱图中的离子峰先提出此化合物可能存在的部分结构单元，按各种可能的方式连接已知的结构碎片及剩余结构碎片，从而组成可能的结构式，最后由每种化合物的质谱峰特征推测出其分子结构。

采用气相色谱 - 质谱法对水蒸气蒸馏提取鲜紫苏叶茎中所得挥发油进行研究，挥发油主要成分紫苏醛占 49.14%、柠檬烯占 9.3%、石竹烯占 7.19%。气相色谱 - 质谱法已被广泛地应用于挥发油的定性与定量检测。

2. 气相色谱-嗅闻技术

嗅闻技术可测痕量挥发性成分，灵敏度高，目前多用于食品行业。嗅闻是一种简单有效的香气成分分析技术，非常适合应用于挥发性物质的检测，但操作要求高、制作较复杂、价格相对昂贵。该技术结合气相色谱的分离能力和人的感官辨别能力，在鉴别特征香气化合物及香气活性化合物等方面具有明显优势。气相色谱 - 质谱法不能检测的隐藏在杂质峰及大峰里面的很多微量成分，气相色谱 - 嗅闻技术能检测出来，通过和气相色谱图对比，气相色谱 - 嗅闻技术很容易区分出与气味无关的物质。

3. 气相色谱-离子迁移谱法

气相色谱 - 离子迁移谱法是近年来发展起来的一项分析技术，首先被检测的样品蒸气或微粒汽化后经过一层半浸透膜滤除其中的烟雾、无机分子和水分子等杂质，然后被载气携带进入漂移管的反响区；在反响区内，样品气首先被 ^{63}Ni 放射源发射的射线电离，构成产物离子，在反响区电场的作用下，产物离子移向离子门；控制离子门的开关脉冲，构成周期性进入漂移区的离子脉冲；在漂移电场的作用下，产物离子沿轴向向搜集电极漂移。离子的迁移率依赖于其质量、尺寸和所带电荷。不同物质生成的产物离子在同一电场下的迁移率不同，因而经过整个漂移区长度所用的漂移时间也不同。在已知漂移区长度和漂移区内电场条件下，丈量出离子经过漂移区抵达搜集电极所用的时间，就能够计算出离子的迁移率（迁移率的定义是指在单位电场强度作用下离子的漂移速度），从而能够辨识被检测物；经过丈量离子峰的面积，就能够预算出被检测物的浓度；改动反响区和漂移区电场方向，离子迁移谱仪漂移管能够同时监测正负离子，且能够同时监测多种化学物质。气相色谱 - 离子迁移谱仪操作简单、分析周期短、灵敏度高，已经广泛应用于食品产地溯源、品质评价、食品掺假等领域。气相色谱 - 离子迁移谱仪适用于挥发油的分析，其缺点是易受环境中的痕量杂质影响、操作要求高。

（十二）紫苏挥发油微囊化包封工艺

紫苏挥发油具有抗氧化、抗炎、抗过敏、抗菌、抑肿瘤、降血压等生物活性，广泛应用于食品、医药及化妆品等领域，但是紫苏挥发油易挥发、易氧化的特性会使其活性降低或丧失。微囊化技术是将固体、液体、气体通过一定的手段包封在天然或合成高分子材料中，形成粒径 1 ～ 1000 nm 的微胶囊。微囊化后的微粒材料，由于其芯材外有壁材作为保护层，芯材的释放速率可人为控制，减少其有效活性成分向外扩散，能最大限度地保持芯材原有的色香味及生物活性，从而延长贮存期且方便应用。近几年来微囊化技术迅速发展，极大地促进了紫苏挥发油在食品、医药领域的应用。目前可用作微囊壁材的材料有海藻酸钠、阿拉伯胶、β - 环糊精、果胶和辛烯基琥珀酸淀粉酯等，辛烯基琥珀酸淀粉酯乳化能力强于其他的小分子乳化剂，在生产过程中不需要添加其他的乳化剂，因而节约了成本，简化了操作步骤。以辛烯基琥珀酸淀粉酯为壁材的紫苏挥发油微囊粉产品包封率远高于以 β - 环糊精和阿拉伯胶为微囊壁材。采用辛烯基琥珀酸淀粉酯为壁材、紫苏挥发油为芯材，制备工艺最优参数为：紫苏挥发油纯度 81%，壁材质量分数 20%，壁芯比 3∶1。此条件下包封率为 80.19%。在制备紫苏挥发油微囊粉过程中不需要加入乳化剂、固化剂等，能够保持挥发油的天然成分不受破坏。制备的紫苏挥发油微囊粉保留了挥发油原有的浓郁香气，能够作为天然调味品和抗氧化剂，扩大了其实际应用价值。以辛烯基琥珀酸淀粉酯为壁材，采用喷雾干燥法和冷冻干燥法分别制备紫苏挥发油微胶囊，制备的最佳工艺条件为：

固形物含量30%，壁芯比1∶4，乳化温度50℃，在16000 r/min条件下均质2 min。此条件下喷雾干燥法所得产品的微囊化效率可达到98.86%，冷冻干燥法所得产品的微囊化效率为76.24%。以低黏度辛烯基琥珀酸淀粉酯为单一壁材包封紫苏挥发油，由所得产品的质量评价可以确定，辛烯基琥珀酸淀粉酯具有高浓度、低黏度的特点，乳化能力强，芯材分散得小且均匀，稳定性好，无需使用乳化剂，简化工艺操作，是包封紫苏挥发油的理想壁材。以产品微囊化效率、贮藏稳定性、表面结构、水分含量、外观、流动性等质量评价指标为考察对象，比较研究了喷雾干燥法和冷冻干燥法对紫苏挥发油微胶囊产品质量的影响。喷雾干燥法制备的微胶囊产品的微囊化效率显著高于冷冻干燥法，且喷雾干燥法所需的设备简单、操作灵活、成本较低、产量高。比较研究了两种包封方法对微胶囊产品的包封率、贮藏稳定性、感官及表面形态的影响。喷雾干燥粉呈较规则的球形，流动性好，质地细腻，易溶解；表面光滑，结构致密，减少了与外界环境接触的机会，减慢了氧化速度，能有效延长贮藏期。冷冻干燥粉则疏松多孔，呈现不规则的块状，流动性差，水分含量高。结果表明，喷雾干燥法制备的紫苏挥发油微胶囊的性能优于冷冻干燥法，且辛烯基琥珀酸淀粉酯通过喷雾干燥法包封紫苏挥发油对延长贮藏期是可行的。

附　表

与紫苏有关的专利

序号	申请号	申请（专利权）人	发明（设计）名称
1	CN201780084887.9	尼昂克技术公司	紫苏醇 -3- 溴丙酮酸缀合物和治疗癌症的方法
2	CN202110122996.3	东北农业大学	一种紫苏醛纳米纤维及其制备方法和应用
3	CN201811264576.3	中国医学科学院药物研究所	紫苏叶提取物在预防或治疗骨性关节炎中的应用
4	CN201811636212.3	贵州大学	一种紫苏饼粕调味酱的制作方法
5	CN202110384370.X	贵州师范学院；周丹	一种具有多重工序的连续式紫苏叶清洗干燥装置
6	CN201910038741.1	北京工商大学	一种碳酸二紫苏酯香料
7	CN201910038742.6	北京工商大学	一种紫苏醇薄荷醇碳酸酯香料
8	CN201910038743.0	北京工商大学	一种紫苏醇苯甲醇碳酸酯香料
9	CN201910038744.5	北京工商大学	一种紫苏醇香叶醇碳酸酯香料
10	CN201910038745.X	北京工商大学	一种紫苏醇肉桂醇碳酸酯香料

续表

序号	申请号	申请（专利权）人	发明（设计）名称
11	CN201911288435.X	中北大学	一种紫苏叶中抗过敏成分的分离纯化方法
12	CN202010913563.5	中北大学	一种浓缩分离紫苏饼粕中蛋白质的两级泡沫浮选法
13	CN202010047214.X	内蒙古大学	褪黑素在紫苏栽培中的应用
14	CN201510132253.9	弗门尼舍有限公司	生产香紫苏醇的方法
15	CN202010461030.8	黑龙江大学；哈尔滨美苏生物科技开发有限公司	一种具有抗肿瘤作用的紫苏籽提取物及其制备方法与应用
16	CN201810495936.4	许昌元化生物科技有限公司	一种紫苏油的精炼方法
17	CN201710661596.3	景俊年	紫苏叶油浸剂吸附油粉及其制备方法、应用
18	CN201810535059.9	郑州雪麦龙食品香料有限公司	一种紫苏油的提取工艺
19	CN201710466663.6	中国医学科学院药物研究所	紫苏叶提取物在预防或治疗再生障碍性贫血中的应用
20	CN201811600082.8	吉林大学	*N*-琥珀酰壳聚糖固载乳酸链球菌素、紫苏油膜的制备方法
21	CN202010445846.1	湖南省棉花科学研究所	一种提高产油率的紫苏栽培方法及装置
22	CN201910273983.9	中国农业科学院农产品加工研究所	一种紫苏氧基羰基丙酸薄荷酯及其应用
23	CN201810339080.1	重庆大学	紫苏烯及其类似物的制备方法
24	CN201911306133.0	南京农业大学；丽江先锋食品开发有限公司；山西师范大学	一种具有防晒功能的祛痘紫苏复合乳霜及其制备方法
25	CN201910917531.X	浙江工商大学	一种利用三元低共熔溶剂提取紫苏叶花青素的方法
26	CN201910272106.X	中国农业科学院农产品加工研究所	一种紫苏氧基羰基丙酸乙酯及其应用
27	CN201811176778.2	四川新绿色药业科技发展有限公司	一种紫苏子标准汤剂的指纹图谱建立方法及其标准指纹图谱

续表

序号	申请号	申请（专利权）人	发明（设计）名称
28	CN201910247529.6	吉林工商学院	一种发酵紫苏风味苹果茶汁的制备方法
29	CN201711335735.X	深圳市千味生物科技有限公司	一种从紫苏叶中提取天然食品口感调节剂的方法
30	CN201911091906.8	福建省农业科学院植物保护研究所	一种含紫苏醛和钙离子螯合剂EDTA的黄曲霉防治用组合物及其应用
31	CN201910142729.5	河北农业大学	一种运用植物工厂进行紫苏基质栽培的方法
32	CN201910026312.2	澳宝化妆品（惠州）有限公司	一种含紫苏籽提取物的固体洗涤组合物及其制备方法
33	CN201811353015.0	新疆生产建设兵团第四师农业科学研究所	一种防治香紫苏田杂草的方法
34	CN201910715427.2	云南中医药大学；深圳大学	紫苏挥发油的新用途
35	CN201811568446.9	广东一方制药有限公司	一种炒紫苏子特征图谱的构建方法及其在炒制工艺中的应用
36	CN201811367784.6	江苏师范大学	活性成分紫苏醛在防治口咽念珠菌病中的用途
37	CN201610009982.X	尼昂克技术公司	使用异紫苏醇的方法和装置
38	CN201810986121.6	重庆市药物种植研究所	一种紫苏良种的育苗方法
39	CN201811097780.0	云南中烟工业有限责任公司	一种以精制东紫苏凉味组分为主的滤嘴添加剂及其制备方法
40	CN201810790439.7	福建省农业科学院植物保护研究所	紫苏醛植物杀菌剂在防治作物疫病中的应用
41	CN201611114725.9	江南大学	紫苏籽粕的综合利用方法
42	CN201810621819.8	广西中烟工业有限责任公司	一种烟用紫苏子香料的制备方法及在卷烟中的应用
43	CN201680018999.X	NeOnc技术股份有限公司	包含紫苏醇衍生物的药物组合物
44	CN201711325194.2	中央民族大学；中国农业科学院植物保护研究所	一种紫苏提取物及其作为植物抗菌物的应用

续表

序号	申请号	申请（专利权）人	发明（设计）名称
45	CN201611244742.4	焦作市馨之源科技有限公司	由香紫苏醇母液分离香紫苏醇的方法
46	CN201510404034.1	财团法人医药工业技术发展中心	紫苏种子萃取物及其药理作用
47	CN201710497190.6	威海汉江食品股份有限公司	一种紫苏油低温压榨工艺
48	CN201710377037.X	贵州侗乡生态农业科技发展有限公司	一种从紫苏中提取 ω-3 原液的方法
49	CN201510723832.0	吉林大学	紫苏油作为山梨酸钾抗菌增效剂的应用
50	CN201610891731.9	福州大学	一种紫苏籽抗氧化肽及其应用
51	CN201610891732.3	福州大学	一种紫苏籽抗氧化二肽及其制备方法与应用
52	CN201510580696.4	青岛大学	紫苏叶抗高尿酸血症有效部位及其制备方法和应用
53	CN201610891733.8	福州大学	一种紫苏籽抗氧化七肽及其制备方法
54	CN201610479614.1	天津科技大学	一种紫苏椰果悬浮饮料及其制备方法
55	CN201710427969.0	贵港市光速达电子科技有限公司	一种紫苏新品种的培育方法
56	CN201510685644.3	南昌大学	一种延长紫苏子油货架期的方法
57	CN201610776100.2	浙江工业大学	一种从新鲜紫苏茎叶中提取的原花青素及其应用
58	CN201510866274.3	北京工商大学	一种降龙涎紫苏酯香料
59	CN201410313498.7	吉水县金海天然香料油科技有限公司	紫苏叶提取物及其提取方法
60	CN201510743744.7	山东润泽制药有限公司	一种主要成分为马油和香紫苏精油的护肤品及其制备方法
61	CN201510258274.5	贵州大学	一种紫苏籽猪肉丸及其制备方法
62	CN201410744827.3	山东省花生研究所	一种紫苏醛 - 海藻酸钠复合涂膜抑制花生黄曲霉污染的方法

续表

序号	申请号	申请（专利权）人	发明（设计）名称
63	CN201510736637.1	东北农业大学	一种富含 β - 胡萝卜素的紫苏油微胶囊及其制备方法
64	CN201610231561.1	湘潭大学	一种B和/或P,N共掺杂紫苏叶多孔碳及其制备方法
65	CN201610200832.7	广州市和麦爱敬生物科技有限公司	紫苏提取紫苏醛和花色苷的方法
66	CN201610196610.2	长沙湘资生物科技有限公司	紫苏叶提取花色苷和熊果酸的方法
67	CN201410119760.4	沈阳药科大学	紫苏醇衍生物及其制备和应用
68	CN201410119999.1	沈阳药科大学	紫苏胺类化合物及其制备和应用
69	CN201410120191.5	沈阳药科大学	紫苏酸甲酯含氮衍生物及其制备和应用
70	CN201410119248.X	沈阳药科大学	紫苏醇类似物及其制备和应用
71	CN201510451615.0	广州市科能化妆品科研有限公司；广州市白云联佳精细化工厂；广东丹姿集团有限公司	化妆品及紫苏提取物作为透皮促透剂在化妆品中的用途
72	CN201510275081.0	彭国平；湖南省烟草公司邵阳市公司隆回县分公司；湖南农业大学	一种将烟草与紫苏进行套种的栽培方法
73	CN201510001014.X	大连卓尔高科技有限公司	紫苏籽经压榨和超临界 CO_2 萃取提油的方法
74	CN201410572731.3	杨凌大西农动物药业有限公司	一种紫苏醛、柠檬醛、制霉菌素纳米乳剂及其制备方法
75	CN201510102253.4	吉林工商学院	一种应用辣蓼草和紫苏粕制备发酵面制品的方法
76	CN201410171781.0	弗门尼舍有限公司	生产香紫苏醇的方法
77	CN201510244040.5	镇江鑫源达园艺科技有限公司	一种延长紫苏叶片采收期的方法
78	CN201510067043.6	吉林工商学院	一种将紫苏粕应用于宠物食品预拌粉基料的制备方法

续表

序号	申请号	申请（专利权）人	发明（设计）名称
79	CN201410127753.9	北京宜生堂医药科技研究有限公司	含有石榴籽油和紫苏籽油的组合物、其制备方法和用途
80	CN201510131079.6	吉林工商学院	一种含紫苏粕、罗勒籽及黄秋葵减肥胶囊的制作方法
81	CN201410173788.6	黄冈师范学院	甜柿 - 紫苏复合发酵醋饮及其制备方法
82	CN201410173789.0	黄冈师范学院	紫苏叶 - 甜柿复合发酵醋饮及其制备方法
83	CN201410031430.X	浙江莫干山食业有限公司	一种紫苏梅片及其制备方法
84	CN201410791031.3	润科生物工程（福建）有限公司	一种含紫苏籽油的 DHA 藻油软胶囊及其制备方法
85	CN201410414495.2	沈友福	一种紫苏的优质高产栽培方法
86	CN201410370107.5	广西智宝科技有限公司	一种含紫苏叶煎饼及其制作方法
87	CN201310561303.6	上海方木精细化工有限公司	紫苏洗手液
88	CN201410047038.4	中国农业科学院烟草研究所	一种锦紫苏类病毒离体常温保存方法
89	CN201510044234.0	无锡市人民医院	一种测定血浆中香紫苏醇浓度的方法
90	CN201310096853.5	广州绿萃生物科技有限公司；无限极（中国）有限公司；华南农业大学	一种连续相变萃取紫苏子油的方法
91	CN201410532783.8	吉林沃达食品有限公司	一种发酵型紫苏黄瓜复合饮料及其制作方法
92	CN201310412854.6	上海方木精细化工有限公司	紫苏含漱液
93	CN201110449550.8	湖南科技学院	以紫苏醇为原料催化脱氢合成枯茗醇
94	CN201180066892.X	尼昂克技术公司	使用异紫苏醇的方法和装置

续表

序号	申请号	申请（专利权）人	发明（设计）名称
95	CN201410258265.1	福建农林大学	一种具有保健养生功能的鹿角灵芝紫苏硒茶
96	CN201310282358.3	上海珍馨化工科技有限公司	香紫苏油化妆水
97	CN201410689839.0	吉林工商学院	一种发酵风味紫苏酱的制备方法
98	CN201310670113.8	中国农业科学院烟草研究所	一种锦紫苏类病毒快速检测方法
99	CN201410091401.2	江苏大学	一种紫苏营养保健肽咀嚼片及其制备方法
100	CN201410164902.9	柳培健	一种紫苏黑糖玉米酥

参考文献

1. 范三红，贾槐旺，李兰，等. 紫苏籽粕蛋白源抗氧化肽的纯化、结构鉴定及体外抗氧化活性 [J]. 中国粮油学报，2022，37（03）：79-87.

2. 张品，朱文秀，余顺波，等. 响应面优化紫苏饼粕蛋白提取工艺 [J]. 食品工业，2022，43（01）：38-42.

3. 张品，余顺波，朱文秀，等. 紫苏饼粕分离蛋白中蛋白质含量测定方法比较 [J]. 粮食与油脂，2021，34（11）：150-154.

4. 王进胜，于阿立，孙双艳，等. 紫苏籽油提取工艺及其营养功效研究进展 [J]. 粮油与饲料科技，2021，（05）：13-17.

5. 郭旭，田荣荣，张东. 紫苏油的提取工艺和药理功能研究进展 [J]. 粮油食品科技，2021，29（05）：120-130.

6. 唐飞，冯五文，敖慧. 紫苏叶药理作用研究进展 [J]. 成都中医药大学学报，2021，44（04）：93-97+112.

7. 钱锦秀，孟武威，刘晖晖，等. 经典名方中紫苏类药材的本草考证 [J]. 中国实验方剂学杂志，2022，28（10）：55-67.

8. 潘婷婷，楚振升，刘君星，等. 紫苏挥发油组分的 GC-MS 分析 [J]. 化工时刊，2021，35（12）：11-13.

9. 古建兰，任久强，韦雪娇，等. 紫苏不同器官活性成分分布及功能性分析研究进展 [J]. 北方农业学报，2021，49（05）：118-126.

10. 王仙萍，商志伟，沈奇，等. 两种紫苏叶主要营养及药用成分评价 [J]. 植物生理学报，2021，57（07）：1419-1426.

11. 曹娅，张金龙，王强. 紫苏活性成分及其生物功能的研究进展 [J]. 中国食物与营养，2021，27（08）：42-49.

12. 邱文莹，刘婷婷，于笛. 紫苏的营养价值及保健功能分析 [J]. 现代食品，2021，（24）：60-63.

13. 范三红，贾槐旺，张锦华，等. 不同提取方法对紫苏籽粕蛋白功能性质的影响 [J]. 中国调味品，2021，46（12）：61-69.

14. 王进胜，于阿立，孙双艳，胡子聪. 紫苏籽油提取工艺及其营养功效研究进展 [J]. 粮油与饲料科技，2021，（05）：13-17.

15. 李会珍，张雲龙，张红娇，等. 紫苏籽营养及产品加工研究进展 [J]. 中国油脂，2021，46（09）：120-124.

16. 魏颖，郭颖，李明亮，等. 紫苏籽肽抗疲劳功效及其作用机理 [J]. 中国食品学报，2021，21（07）：157-162.

17. 莫雪婷，覃逸明，郭松. 紫苏黄酮的提取及生物活性的研究进展 [J]. 山东化工，2021，50（16）：84-87.

18. 钟萍，汪镇朝，刘英孟，等. 紫苏叶挥发油化学成分及其药理作用研究进展 [J]. 中国实验方剂学杂志，2021，27（13）：215-225.

19. 刘子坤，尹贺，杨安皓，等. 紫苏籽多糖分离纯化及抗肿瘤活性 [J]. 食品科学，2022，43（15）：158-165.

20. 訾玉祥，陆兆新，吕风霞，等. 紫苏叶中甘油糖脂的抗氧化活性研究 [J]. 南京农业大学学报，2021，44（03）：561-567.

21. 商志伟，徐静，张品，等. 不同地区紫苏籽油脂肪酸组成与氧化稳定性分析 [J]. 贵州农业科学，2021，49（08）：13-18.

22. 蹇黎，付淑芬，杨婧. 紫苏资源的 SWOT 分析 [J]. 安徽农学通报，2020，26（21）：29-30.

23. 张运晖，赵瑛，欧巧明. 紫苏籽化学成分及生物活性研究进展 [J]. 甘肃农业科技，2020，（09）：63-71.

24. 张运晖，赵瑛，欧巧明. 紫苏叶化学成分及生物活性研究进展 [J]. 甘肃农业科技，2020，（12）：69-76.

25. 温贺，杨森，赵振新，等. 冷榨与热榨紫苏粕营养成分分析 [J]. 中国粮油学报，2020，35（10）：136-140.

26 沙爽，张欣蕊，唐佳文，等. 紫苏籽深加工研究进展 [J]. 食品工业，2020，41（04）：234-239.

27. 张瑜，戚欣，白艺珍，等. 紫苏籽油化学组成与检测技术研究进展 [J]. 食品安全质量检测学报，2020，11（20）：7181-7188.

28. 龙应霞. 紫苏籽有效成分提取工艺及在动物生产中的应用 [J]. 饲料研究，2020，43（09）：136-139.

29. 张锦华，张敏，范三红. 紫苏迷迭香酸的提取工艺及质谱鉴定 [J]. 中国调味品，2020，45（10）：6-13.

30. 王琴琴，李会珍，张志军，等. 紫苏精油微囊粉包埋工艺的优化 [J]. 食品工业科技，2020，41（01）：138-142+149.

31. 韦东林，魏冰，石珊珊. α - 亚麻酸高效提取纯化工艺研究 [J]. 粮食与食品工业，2020，27（02）：1-3+6.

32. 韩亚男，潘士钢，李海英，等. 不同产地紫苏籽含油率及 α - 亚麻酸含量比较 [J]. 食品安全导刊，2020，（18）：102.

33. 吴超权，周智，韦奇志，等. α - 亚麻酸乙酯（75%）急性毒性和遗传毒性研究 [J]. 食品与药品，2020，22（01）：17-21.

34. 张运晖，赵瑛，欧巧明. 紫苏叶化学成分及生物活性研究进展 [J]. 甘肃农业科技，2020，（12）：69-76.

35. 张锦华，张敏，范三红. 紫苏迷迭香酸的提取工艺及质谱鉴定 [J]. 中国调味品，2020，45（10）：6-13.

36. 许春芳，董喆，郑明明，等. 不同产地的紫苏籽油活性成分检测与主成分分析 [J]. 中国油料作物学报，2019，41（02）：275-282.

37. 张蕾，李秋双，郝婧玮，等. 高效液相色谱法检测紫苏梗提取物活性成分及抗氧化效果 [J]. 吉林大学学报（理学版），2020，58（04）：1020-1025.

38. 刘金菊，杨震发，白巧霞，等. 分子蒸馏富集亚麻籽油中 α - 亚麻酸的研究 [J]. 甘肃农业科技，2019，（05）：16-21.

39. 谭善财，袁波，黄珍，等. 梵净山紫苏紫苏醛的提取及其含量分析 [J]. 安徽农业科学，2019，47（08）：174-178.

40. 刘宁，赵佳，武选民，等. 紫苏籽中不同蛋白组分的功能性质研究 [J]. 中国油脂，2019，44（06）：45-49.

41. 姚玲珑，宫宇，陈清华，等. 紫苏籽活性成分的抗炎作用及其在畜牧生产中的应用研究进展 [J]. 中国畜牧兽医，2019，46（1）：123-129.

42. 田福忠，彭勇，周天华，等. α - 亚麻酸在疾病治疗中的研究进展 [J]. 农业与技术，2019，39（17）：23-24.

43. 王润泽，董红领. 尿素包合法纯化紫苏油中 α - 亚麻酸工艺研究 [J]. 化工设计通讯，2019，45（08）：213.

44. 沈奇，徐静，商志伟，等. 紫苏梗中主要营养及药用成分评价 [J]. 中国现代中药，2019，21（07）：920-924.

45. 沈奇，王仙萍，杨森，等. 紫苏籽主要营养成分含量分析 [J]. 西南农业学报，2019，32（08）：1904-1909.

46. 姚玲珑，宫宇，陈清华，等. 紫苏籽活性成分的抗炎作用及其在畜牧生产中的应用研究进展 [J]. 中国畜牧兽医，2019，46（01）：123-129.

47. 王鑫，张麟，徐龙鑫，等. 紫苏的营养成分及在畜牧生产中的应用研究进展 [J]. 贵州畜牧兽医，2019，43（04）：4-6.

48. 王磊，俞玉明，赵伟朝. 新疆香紫苏产业现状 [C]// 中国化学会. 中国化学会第一届农业化学学术讨论会论文集. 中国化学会，2019：1.

49. 宁初光，邹兴平，曹君，等. 紫苏籽油的稳定性及氧化产物 [J]. 南昌大学学报（工科版），2019，41（03）：234-239.

50. 郭玲玲，张文静，陈峰琦，等. 紫苏叶饮料的研制 [J]. 农业科技与装备，2019，（04）：45-46.

51. 白冰，楚首道，杨靖，等. 香紫苏油主成分含量测定及其香气贡献评价 [J]. 轻工学报，2018，33（01）：7-12.

52. 田海娟，朴春红，王洪娇，等. 混菌固态发酵紫苏饼粕工艺优化与紫苏饼粕蛋白特性研究 [J]. 粮食与油脂，2018，31（11）：23-27.

53. 朱双全. 紫苏化学成分及药理学研究进展概要 [J]. 生物化工，2018，4（2）：148-149.

54. 段建利. α - 亚麻酸乙酯制备和质量评价 [J]. 广州化工，2018，46（22）：105-107.

55. 王芸，张玥莉. 不同产地紫苏梗中总黄酮含量比较及其提取工艺的考察 [J]. 上海医药，2018，39（13）：76-79.

56. 毛光瑞，赵宏光，刘峰华，等. 陕西紫苏挥发油提取工艺研究 [J]. 安徽农业科学，2018，46（17）：19-21.

57. 郭玲玲，景金秋，邱佳兴. 紫苏食品研究进展 [J]. 食品安全导刊，2018，（30）：157.

58. 李明，任丽丽，王雪. 紫苏叶发酵饮料及蒸馏酒的研制 [J]. 通化师范学院学报，2018，39（04）：17-23.

59. 张琛武，李卫萍，郭宝林，等. 紫苏醛型紫苏不同种质中紫苏醛含量变化规律研究 [J]. 中国现代中药，2017，19（12）：1722-1727.

60. 胡磊，陈艺宾，王惠敏，等. 紫苏籽抗氧化肽的制备工艺研究 [J]. 福州大学学报（自然科学版），2017，45（05）：742-747.

61. 胡颖，张观凤，蒋纬. 气相色谱法测定苏籽中的 α - 亚麻酸 [J]. 安徽农学通报，2017，23（22）：116-117+140.

62. 赵莉娟，胥江河，王星敏，等. 紫苏梗酶解糖化条件优化 [J]. 南方农业学报，2017，48（06）：1054-1061.

63. 王亚平，刘秀丽，方元元，等. 紫苏柠檬茶的工艺研究 [J]. 饮料工业，2017，20（05）：9-12.

64. 曹慕岚. 紫苏黄酮类化合物提取工艺研究 [J]. 农业科技与信息，2016，（02）：33-35.

65. 曹伟. 紫苏中总黄酮提取方法研究进展 [J]. 绿色科技，2016，（04）：199-200.

66. 贾佼佼，李艳，苗明三. 紫苏的化学、药理及应用 [J]. 中医学报，2016，31（09）：1354-1356.

67. 贾青慧，沈奇，陈莉. 紫苏籽蛋白质与氨基酸的含量测定及营养评价 [J]. 食品研究与开发，2016，37（10）：6-9.

68. 回瑞华，刁全平，侯冬岩，等. 紫苏籽中脂肪酸及主成分 α-亚麻酸的分析 [J]. 鞍山师范学院学报，2016，18（04）：24-27.

69. 宋继伟，刘蓓，尤丽新. 紫苏籽饼粕黄酮类物质的提取 [J]. 现代食品，2015，（21）：71-73.

70. 李张升，姚志湘，粟晖，等. 采用拉曼光谱无损测定紫苏油中 α-亚麻酸 [J]. 食品科技，2015，40（10）：275-278+283.

71. 国家药典委员会. 中华人民共和国药典：第一部 [M]. 北京：中国医药科技出版社，2015.

72. 冷进松，朱珠，孙国玉，等. 利用 Minitab 设计优化紫苏饼粕蛋白粉次氯酸钠法脱臭工艺 [J]. 食品工业，2015，36（04）：48-52.

73. 孙娜，边连全. 紫苏在饲料应用中的研究进展 [J]. 饲料研究，2015，（05）：3-6.

74. 姜文鑫，王晓飞，崔玲玉，等. 紫苏分离蛋白酶解制备抗菌肽的工艺优化 [J]. 食品研究与开发，2015，36（03）：138-142.

75. 向福，江安娜，项俊，等. 四种紫苏叶挥发油化学成分 GC-MS 分析 [J]. 食品研究与开发，2015，36（13）：90-94.

76. 时艺霖，顾宪红，毛薇，等. 紫苏籽化学成分提取工艺条件及应用研究进展 [J]. 家畜生态学报，2015，36（08）：79-85.

77. 尹志芳，彭晓赟，梁赛，等. 紫苏粕中黄酮类化合物的提取研究 [J]. 湖南城市学院学报（自然科学版），2014，23（01）：40-43.

78. 刘金明，孙广仁，杜凤国，等. 紫苏饼粕发酵工艺的研究 [J]. 生物技术世界，2014，（08）：50.

79. 吴旭锦.GC 法测定紫苏油纳米乳中 α - 亚麻酸的含量 [J]. 黑龙江畜牧兽医，2014，（05）：198-200.

80. 权美平. 紫苏精油化学成分分析研究进展 [J]. 中国调味品，2014，39（02）：88-91.

81. 宋明明，尚志春，付晓雪，等. 紫苏梗的化学成分研究 [J]. 中国药房，2014，25（31）：2947-2948.

82. 姜文鑫，吴丹，闵伟红，等. 紫苏分离蛋白及主要蛋白组分功能性质研究 [J]. 中国粮油学报，2014，29（10）：35-41+46.

83. 李冲伟，宋永，孙庆申. 微波辅助提取紫苏多糖及保肝降酶活性的研究 [J]. 中国农学通报，2014，30（09）：285-290.

84、徐甲，施敏，唐云，等. 紫苏子油中 α - 亚麻酸的含量测定 [J]. 科技信息，2013，（1）：87-88.

85. 许万乐，李会珍，张志军，等. 紫苏籽油理化性质测定及脂肪酸组分分析 [J]. 中国粮油学报，2013，28（12）：106-109.

86. 陈琳，李荣，姜子涛，等. 微胶囊化方法对紫苏油包埋性能的比较研究 [J]. 食品工业科技，2013，34（20）：176-180+234.

87. 邓小莉，李翠霞，李畅，等. 紫苏籽油中亚麻酸的纯化工艺研究 [J]. 河南科技学院学报（自然科学版），2013，41（06）：1-5.

88. 张志军，李晓鹏，李会珍，等. 紫苏饼粕蛋白酶法提取工艺研究 [J]. 中国粮油学报，2013，28（02）：77-79+109.

89. 陈新新，王昌禄，李风娟，等. 紫苏油中 α - 亚麻酸的分离纯化 [J]. 天津科技大学学报，2012，27（04）：17-20.

90. 谭美莲，严明芳，汪磊，等. 国内外紫苏研究进展概述 [J]. 中国油料作物学报，2012，34（02）：225-231.

91. 张蕾蕾，常雅宁，夏鹏竣，等. 微波法提取紫苏黄酮类物质及其成分分析 [J]. 食品科学，2012，33（22）：53-57.

92. 马娜. 紫苏籽油不同提取方法的比较研究 [D]. 长春：吉林农业大学，2012.

93. 付亮，张光杰. 紫苏绿茶复合饮料的工艺研究 [J]. 食品工业，2012，33（09）：54-56.

94. 薛山. 紫苏精油的研究新趋势 [J]. 中国食品添加剂，2011，（01）：199-204.

95. 尤丽菊，刘国玲. α - 亚麻酸的药理作用 [J]. 中国社区医师（医学专业），2011，13（29）：10.

96. 盛彩虹，刘晔，刘大川，等. 紫苏分离蛋白功能性研究 [J]. 食品科学，2011，32（17）：137-140.

97. 朱小燕，但建明，代斌. α - 亚麻酸乙酯的富集纯化及工艺研究 [J]. 粮油加工，2010，（12）：37-41.

98. 刘娟，雷焱霖，唐友红，等. 紫苏的化学成分与生物活性研究进展 [J]. 时珍国医国药，2010，21（07）：1768-1769.

99. 谷丽华，郝希民，赵森淼，等. 紫苏梗质量标准研究 [J]. 中国药学杂志，2010，45（17）：1308-1312.

100. 谢超，朱国君，赵国华，等. 紫苏饼粕浓缩蛋白的制备及理化性质研究 [J]. 中国粮油学报，2009，24（11）：83-86+126.

101. 刘大川，李江平，刘晔，等. 紫苏油粉末制备工艺研究 [J]. 中国油脂，2008，（11）：5-8.

102. 林文群，刘剑秋，林文群，等. 苏子化学成分初步研究 [J]. 海峡药学，2002，（04）：26-28.

103. 吴传茂，吴周和，黎耀辉. 紫苏叶在食品工业中的应用 [J]. 中国商办工业，2000，（06）：47-48.